U0237424

西藏自然保护地生物多样性丛书

麦地卡湿地国家级自然保护区
植物卷

西藏自治区林业调查规划研究院

普布顿珠　旦　增◎主 编

中国林業出版社

·北 京·

图书在版编目（CIP）数据

麦地卡湿地国家级自然保护区. 植物卷 / 普布顿珠, 旦增主编.
-- 北京 : 中国林业出版社, 2023.3（西藏自然保护地生物多样性丛书）
ISBN 978-7-5219-2151-9

Ⅰ. ①麦… Ⅱ. ①普… ②旦… Ⅲ. ①沼泽化地－自然保护区－植物－介绍－西藏
Ⅳ. ①S759.992.75

中国国家版本馆CIP数据核字(2023)第075765号

策划编辑：张衍辉
责任编辑：张衍辉　葛宝庆
封面设计：北京鑫恒艺文化传播有限公司

出版发行：中国林业出版社
（100009，北京市西城区刘海胡同7号，电话010-83143521）
电子邮箱：np83143521@126.com
网址：www.forestry.gov.cn/lycb.html
印刷：北京博海升彩色印刷有限公司
版次：2023年3月第1版
印次：2023年3月第1次
开本：787mm×1092mm　1/16
印张：11.75
字数：210千字
定价：138.00元

麦地卡湿地国家级自然保护区植物卷

编委会

前言

按《国际湿地公约》定义，湿地系指不论其为天然或人工、长久或暂时之沼泽地、湿草原、泥炭地或水域地带，带有静止或流动或为淡水、半咸水或咸水水体者，包括低潮时水深不超过6米的水域。湿地与森林、海洋并称为全球三大生态系统，在世界各地分布广泛。湿地是地球上有着多功能的、富有生物多样性的生态系统。它向人类提供食物、能源、原材料和水资源，在维持生态平衡、保持生物多样性和珍稀物种资源以及涵养水源、蓄洪防旱、降解污染、调节气候、补充地下水、控制土壤侵蚀等方面均起到重要作用，是人类最重要的生存环境之一。它因有如此众多有益的功能而被人们称为“地球之肾”。湿地生态系统中生存着大量动植物，这使很多湿地被列为自然保护区。

西藏麦地卡湿地国家级自然保护区（以下简称“保护区”）位于藏北那曲市嘉黎县麦地卡乡，东经92°45′55″—93°19′25″、北纬30°51′04″—31°09′44″。保护区总面积88052.37公顷，其中，核心区32882.47公顷，缓冲区14164.04公顷，实验区41005.86公顷。

保护区有维管束植物46科133属288种（包括种下等级，下同），其中，蕨类植物4科4属5种，裸子植物2科2属2种，被子植物40科127属281种。保护区有国家二级保护野生植物四裂红景天*Rhodiola quadrifida*、大花红景天*Rhodiola crenulata*、长鞭红景天*Rhodiola fastigiata*、水母雪兔子*Saussurea medusa*、羽叶点地梅*Pomatosace filicula*等5种；世界自然保护联盟（IUCN）评估的物种5种；中国特有植物90种，其中西藏特有植物8种。

麦地卡湿地是拉萨河的源头，充分发挥了对拉萨河的供水、调节径流、净化水质等功能，对保护拉萨以及拉萨河流域的生态环境、稳定拉萨河优良的水质具有积极意义，其价值不可估量。保护区内有高原淡水湖泊湿地、沼泽湿地与河流湿地，湿地类型之全、功能之完善，是全球高寒湖泊、沼泽与河流湿地生态系统中的典型代表。其区划的面积和范围足以有效维持生态系统的结构和功能，并且是研究高原湖泊湿地生态、沼泽湿地生态以及河流湿地生态的理想场所，具有重大的科学价值。

编委会

2022年5月

目录

（续表）

序号	科名	中文名	学名	特有
75	Scrophulariaceae/玄参科	短筒兔耳草	*Lagotis brevituba*	中国特有
76	Scrophulariaceae/玄参科	全缘兔耳草	*Lagotis integra*	中国特有
77	Scrophulariaceae/玄参科	头花马先蒿	*Pedicularis cephalantha*	中国特有
78	Scrophulariaceae/玄参科	克洛氏马先蒿	*Pedicularis croizatiana*	中国特有
79	Scrophulariaceae/玄参科	甘肃马先蒿	*Pedicularis kansuensis*	中国特有
80	Scrophulariaceae/玄参科	藓状马先蒿	*Pedicularis muscoides*	中国特有
81	Scrophulariaceae/玄参科	南方普氏马先蒿	*Pedicularis przewalskii* subsp. *australis*	中国特有
82	Solanaceae/茄科	马尿泡	*Przewalskia tangutica*	中国特有

3.2.6 外来物种

保护区整体位于藏北高原与藏东高山峡谷区域结合地带的高原山区，人员活动较少，本次调查未发现外来入侵植物物种。

分论

凤尾蕨科 Pteridaceae

珠蕨属 *Cryptogramma*

1. 稀叶珠蕨
Cryptogramma stelleri

根状茎细长。不育叶较短，一回羽状或二回羽裂，羽片全缘或浅波状。能育叶较长，二回羽状。孢子囊群生于小脉顶部，彼此分开，成熟时汇合。

生于海拔1700～4200米的冷杉或杜鹃林下石缝。

冷蕨科 Cystopteridaceae

冷蕨属 *Cystopteris*

2. 皱孢冷蕨
Cystopteris dickieana

根状茎短横走或稍伸长，顶端和基部被鳞片。叶近生或簇生，二回羽裂或二回羽状，披针形或宽披针形，羽片12～15对。孢子周壁无刺状突起，具褶皱或粗糙、不规则凸起。

生于海拔1400～5600米的山谷或山坡石缝中。

鳞毛蕨科 Dryopteridaceae

耳蕨属 *Polystichum*

3. 拉钦耳蕨
Polystichum lachenense

夏绿植物。根状茎直立，密被鳞片。叶片线形，一回羽状，羽片有齿或羽状浅裂，两面秃净或有少数鳞片。孢子囊群多生于上部羽片，囊群盖边缘有齿缺。

生于海拔3600～5000米的高山草甸上。

耳蕨属 *Polystichum*

4. 中华耳蕨
Polystichum sinense

草本，高20～70厘米。根状茎直立，密被棕色鳞片。叶簇生，密被棕色鳞片；叶片狭椭圆形或披针形，渐尖，二回羽状深裂或二回羽状，有尖齿。囊群盖圆形，盾状，边缘有齿缺。

生于海拔2500～4000米的高山针叶林下或草甸上。

水龙骨科 Polypodiaceae

瓦韦属 *Lepisorus*

5. 宽带蕨

Lepisorus waltonii

植株高可达13厘米。根状茎细长横走，密被鳞片。叶戟形，基部掌状或3叉，有时5叉，中部裂片最长，全缘。孢子囊群近圆形，靠近中肋。

生于海拔2750米的岩石缝中。

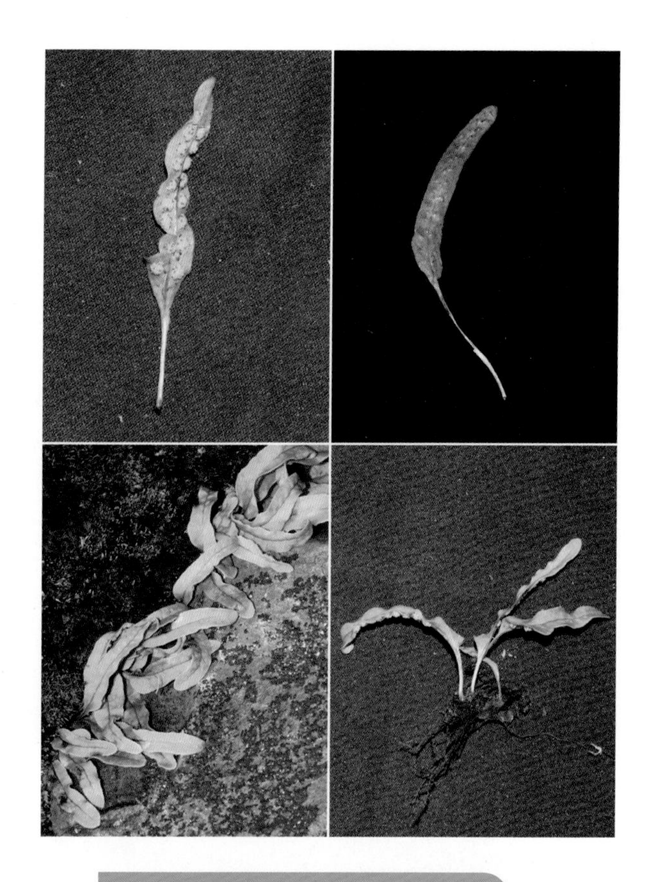

柏科 Cupressaceae

刺柏属 *Juniperus*

6. 大果圆柏

Juniperus tibetica

乔木，高达30米，稀呈灌木状。小枝近圆柱形或四棱形，径1～2厘米。有鳞叶和刺叶：刺叶常生于幼苗和幼树上，三叶交叉轮生，长4～8厘米；鳞叶交叉对生，长1～3厘米，腺体明显，位于叶背中部。雄球花近球形，长约2～3厘米。球果卵圆形或近圆球形，熟时红褐色、褐色至黑色或紫黑色，长9～16厘米，径7～13厘米，内有1粒种子。种子卵圆形，长7～11厘米，径7～9厘米。

生于海拔2800～4600米地带散生于林中或组成纯林。

麻黄科 Ephedraceae

麻黄属 *Ephedra*

7. 山岭麻黄

Ephedra gerardiana

矮小灌木，高5～15厘米。木质茎常横卧埋于土中；地上小枝绿色，纵槽纹明显。叶2裂，下部合生。雄球花单生，长2～3毫米，苞片2～3对，雄花具8枚雄蕊。雌球花单生，具2～3对苞片，珠被管短；雌球花成熟时肉质红色，近圆球形。种子1～2粒，先端外露。

生于海拔3900～5000米地带的干旱山坡。

杨柳科 Salicaceae

柳属 *Salix*

8. 硬叶柳

Salix sclerophylla

直立灌木，高达2米。小枝多节，呈珠串状，暗紫红色，无毛。叶革质，椭圆形、倒卵形或广椭圆形，长2～3.4厘米，两面有白柔毛或近无毛，全缘。花序长1厘米左右，基部无叶或有小叶1～2；雄蕊2，花丝基部有毛，腺体2；子房有密柔毛，有背腹腺，蒴果有柔毛。

生于海拔4000～4800米的山坡及水沟边或林中，常形成高山柳灌丛的建群种。

柳属 *Salix*

9. 黄花垫柳
Salix souliei

垫状灌木。茎干匍匐，幼枝红褐色，无或有疏白柔毛。叶椭圆形或卵状椭圆形，基部楔形，无毛，下面苍白色或有白粉，幼时有毛，后无毛，全缘。花叶同时开放，花序生当年生枝条顶端；雄蕊2，有背腹腺；子房卵形，无毛，仅有腹腺。

生于海拔4200～4800米的高山草地或裸露岩石上。

荨麻科 Urticaceae

荨麻属 *Urtica*

10. 高原荨麻
Urtica hyperborea

多年生草本，丛生。具木质地下茎，茎具稍密的刺毛和稀疏的微柔毛。叶卵形或心形，叶柄短，有6～11枚牙齿，两面有刺毛；托叶离生。雌雄同株或异株，雄花具细长梗，雌花被有刺毛，雄花序生下部叶腋，雌花被果时干膜质，比果大1倍以上。

生于海拔3000～5200米的高山石砾地、岩缝或山坡草地。

金莲花属 *Trollius*

31. 毛茛状金莲花
Trollius ranunculoides

植株全部无毛。茎高6～18（30）厘米。基生叶数枚，茎生叶1～3枚；叶片圆五角形，长1～1.5（2.5）厘米，基部深心形，3全裂；叶柄基部具鞘。花单独顶生；萼片黄色，5（～8）片，脱落；花瓣匙状线形；心皮7～9。聚合果直径约1厘米；种子椭圆球形，有光泽。

生于海拔2900～4100米的山地草坡、水边草地或林中。

乌头属 *Aconitum*

32. 伏毛铁棒锤
Aconitum flavum

块根胡萝卜形，茎高35～100厘米，上部被反曲而紧贴的短柔毛，密生多数叶。叶片宽卵形，两面无毛，基部浅心形，3全裂。顶生总状花序，轴及花梗密被紧贴的短柔毛；萼片黄色带绿色或暗紫色外面被短柔毛，上萼片盔状船形；花瓣疏被短毛；心皮5，无毛或疏被短毛。蓇葖无毛，种子光滑。

生于海拔2000～3700米的山地草坡或疏林下。

翠雀属 *Delphinium*

33. 蓝翠雀花
Delphinium caeruleum

多年生草本，高5～80厘米，被短柔毛，常分枝。叶片基部心形，3深裂至本身长度的4/5～3/4处。伞房花序具花1～7；下部苞片叶状或3裂，其他苞片线形；花梗细，长5～8厘米，与轴密被反曲的白色短柔毛，有时混生开展的白色柔毛和黄色短腺毛；萼片紫蓝色，偶白色，外面有短柔毛，距钻形；退化雄蕊蓝色，被黄色髯毛；花丝疏被短毛；心皮5；子房密被短柔毛。

生于海拔2100～4000米的山地草坡或多石砾山坡。

翠雀属 *Delphinium*

34. 单花翠雀花
Delphinium candelabrum var. *monanthum*

叶裂片分裂程度较小，小裂片较宽，卵形，彼此多邻接。花瓣顶端全缘；萼片长1.8～3厘米，距长2～3厘米；退化雄蕊常紫色，有时下部黑褐色。

生于海拔4100～5000米的山地多石砾山坡。

翠雀属 *Delphinium*

35. 毛翠雀花

Delphinium trichophorum

茎被糙毛，基生叶肾形或圆肾形，深裂。茎中部叶1～2，很小，有时不存在。总状花序狭长；下部苞片似叶，上部苞片变小；轴及花梗有开展的糙毛，小苞片位花梗上部或近顶端，密被长糙毛；萼片淡蓝色或紫色，内外两面均被长糙毛；距下垂；心皮3；子房密被紧贴的短毛。

生于海拔2100～4600米的山坡草地、灌丛、林下、河滩或多石砾山坡。

拟耧斗菜属 *Paraquilegia*

36. 拟耧斗菜

Paraquilegia microphylla

多年生草本。叶多数，通常为二回三出复叶，无毛；叶片轮廓三角状卵形。花葶长3～18厘米，无毛；花直径2.8～5厘米；花梗无毛；萼片淡堇色或淡紫红色，偶为白色；花瓣倒卵形至倒卵状长椭圆形，顶端微凹；心皮5（～8）枚，无毛。蓇葖直立，种子狭卵球形，褐色，光滑，一侧生狭翅。

生于海拔2700～4300米的高山山地石壁或岩石上。

唐松草属 *Thalictrum*

37. 石砾唐松草
Thalictrum squamiferum

植株全部无毛，有白粉。茎渐升或直立，下部常埋在石砾中，在节处有鳞片。茎中部叶长3～9厘米，三至四回羽状分裂；叶柄有狭鞘。花单生于叶腋；萼片4，椭圆状卵形，脱落；雄蕊10～20；心皮4～6，柱头箭头状。瘦果宽椭圆形，稍扁，有8条粗纵肋。

生于海拔3600～5000米的山地多石砾山坡、河岸石砾沙地或林边。

银莲花属 *Anemone*

38. 钝裂银莲花
Anemone obtusiloba

植株高10～30厘米。基生叶7～15，被短柔毛；叶片肾状五角形或宽卵形，长1.2～3厘米，基部心形，3全裂。花葶2～5，有开展的柔毛；苞片3，常3深裂，多少密被柔毛；花萼片5（～8），白色，蓝色或黄色，倒卵形或狭倒卵形，外面有疏毛；心皮约8，子房密被柔毛。

生于海拔2900～4000米的高山草地或铁杉林下。

银莲花属 *Anemone*

39. 条叶银莲花

Anemone coelestina var. *linearis*

叶5～10，被长柔毛或密短柔毛，叶片不分裂，具3个尖齿，线形至倒披针形。花葶2～8，密被短柔毛，聚伞花序1或多花；苞片不分裂；花萼5或6，蓝白色、黄色或橘红色，密被短柔毛，具3～5脉，不联合，无退化雄蕊；雌蕊被长柔毛，花柱直立。瘦果无肋，被长达1毫米柔毛。

生于海拔3500～5000米的高山草地或灌丛中。

银莲花属 *Anemone*

40. 展毛银莲花

Anemone demissa

基生叶5～10（15），具柄，5～30厘米；叶片3，深裂，卵形，侧裂片远小于中裂片，被长柔毛或近无毛。花葶2或3（～5），高5～20厘米，被开展的长柔毛，聚伞花序伞状，花1～5（～8）；苞片3或4，3浅裂或深裂；花萼5～7，蓝色、紫色、红色或白色；子房无毛。瘦果无毛或几无毛，花柱弯曲。

生于海拔3200～4600米的山地草坡或疏林中。

银莲花属 *Anemone*

41. 疏齿银莲花

Anemone geum subsp. *ovalifolia*

叶5～15，叶柄长3～15厘米；叶片卵形，疏被短柔毛，基部心形，3全裂或3深裂，中间裂片长于侧裂片。花葶2～5，有开展的柔毛；花序有1花；苞片3，常3深裂，多少密被柔毛；花梗长1～6厘米；萼片5（～8），白色、蓝色或黄色，卵形，外面有疏毛；子房密被柔毛。

生于海拔3100～3500米的高山草地。

银莲花属 *Anemone*

42. 叠裂银莲花

Anemone imbricata

植株高4～12厘米。基生叶有长柄；叶片椭圆状狭卵形，基部心形，3全裂，中全裂片3全裂，二回裂片浅裂，各回裂片互相多少覆压，背面和边缘密被长柔毛；叶柄有密柔毛。花葶1～4，密被长柔毛；苞片3，3深裂；萼片6～9，白色、紫色或黑紫色；心皮约30，无毛。瘦果扁平，椭圆形。

生于海拔3200～5300米的高山草坡或灌丛中。

美花草属 *Callianthemum*

43. 美花草
Callianthemum pimpinelloides

根状茎短。茎2～3条，直立或渐升，高3～7厘米。基生叶与茎近等长，叶片卵形或狭卵形，羽片（1～）2（～3）对，边缘有少数钝齿。花直径1.1～1.4厘米；萼片椭圆形；花瓣5～7（～9），白色、粉红色或淡紫色，倒卵状长圆形或宽线形；心皮8～14。聚合果直径约6毫米；瘦果卵球形，表面皱。

生于海拔3200～5600米的高山草地。

毛茛属 *Ranunculus*

44. 甘藏毛茛
Ranunculus glabricaulis

多年生矮小草本。茎单一直立，高2～5厘米。基生叶3～5枚，叶片肾状圆形至倒卵形，3深裂至3全裂；茎生叶2～3枚，叶片3～7掌状全裂。花单生茎顶；萼片椭圆形，紫褐色；花瓣5，有多数脉纹。聚合果卵球形，瘦果卵球形。

生于海拔4000～5000米的高山草甸上。

毛茛属 *Ranunculus*

45. 砾地毛茛
Ranunculus glareosus

多年生草本。茎倾卧斜升，高5～20厘米。叶片近圆形或肾状五角形，直径1～3厘米，3深裂至3全裂；叶柄上部生曲柔毛，基部有膜质宽鞘。花单生，直径1.5～2（2.5）厘米；花梗生曲柔毛；萼片椭圆形，带紫色，外面生柔毛；花瓣5，宽倒卵形。瘦果卵球形。

生于海拔3600～5000米的高山流石滩的岩坡砾石间。

毛茛属 *Ranunculus*

46. 云生毛茛
Ranunculus nephelogenes

多年生草本。根纤维状。茎10～25厘米，直立，常无毛，分枝或不分枝。基生叶4～9，叶柄无毛；叶片卵形、椭圆形、披针形或披针状线形，无毛。花单生枝顶；花托无毛或稍被毛；花萼5，外面被短柔毛；花瓣5，明显长于花萼。瘦果无毛，花柱宿存。

生于海拔3000～5000米的高山草甸、河滩湖边及沼泽草地。

毛茛属 *Ranunculus*

47. **深齿毛茛**

Ranunculus popovii var. *stracheyanus*

多年生草本。根纤维状，上部稍增厚。茎高4～16厘米，被疏的半伏贴的白色微柔毛，分枝。叶3中裂或3深裂，五角形、阔卵形或菱形，纸质，背面稍被毛。花单生枝顶；花托无毛；花萼5，圆卵形；花瓣5，黄色。瘦果无毛。

生于海拔2300～4800米的潮湿草地。

毛茛属 *Ranunculus*

48. **高原毛茛**

Ranunculus tanguticus

多年生草本，根纤维状。茎高6～25厘米，被微柔毛，分枝。基生叶5～10或更多；叶柄被微柔毛，三出复叶，五角形或阔卵形，纸质。单歧聚伞花序顶生，2～3朵花；花托被微柔毛；花萼5，背面具黄色微柔毛；花瓣5，黄色。瘦果无毛，倒卵形；花柱宿存。

生于海拔3000～4500米的山坡或沟边沼泽湿地。

水毛茛属 *Batrachium*

49. 水毛茛
Batrachium bungei

多年生沉水草本。茎长30厘米或更长，分枝，无毛，或在节处稍被毛。叶柄长4～12（～18）毫米；叶片扇形或半圆形，无毛，三回4～5裂，末回裂片丝状。花直径1.0～1.8厘米，花梗长2.2～3.5厘米，无毛；花托被微柔毛；花萼5，无毛；花瓣5，白色，基部黄色，雄蕊15～20。瘦果无毛，有横皱纹。

生于海拔3000～4700米的山谷溪流、河滩积水地、平原湖中或水塘中。

碱毛茛属 *Halerpestes*

50. 三裂碱毛茛
Halerpestes tricuspis

多年生小草本。匍匐茎纤细，横走，节处生根和簇生数叶。叶均基生；叶片菱状楔形至宽卵形，长1～2厘米，3中裂至3深裂。花葶高2～4厘米，花单生，萼片卵状长圆形；花瓣5，黄色；雄蕊约20；花托有短毛。聚合果近球形；瘦果斜倒卵形，有3～7条纵肋。

生于海拔3000～5000米的盐碱性湿草地。

罂粟科 Papaveraceae

绿绒蒿属 *Meconopsis*

51. 横断山绿绒蒿

Meconopsis pseudointegrifolia

草本植物，单冠花，高25～120厘米，大部分覆盖着柔软的金色或红色毛发。茎直立。叶多为基生，椭圆形，边缘完整。花通常为6～9；萼片椭圆形，呈扩散状；花瓣6～8，淡柠檬黄或硫黄色，椭圆形；花药黄色至橙黄色；花柱明显，伸长。

生于海拔2700～4200米的林缘草坡、岩石斜坡、沼泽。

绿绒蒿属 *Meconopsis*

52. 多刺绿绒蒿

Meconopsis horridula

一次结实草本，高达30厘米，全株被硬毛。叶全基生，叶片披针形至椭圆状倒披针形，或倒披针形，两面被黄褐色或淡黄色的紧贴的刺，全缘或波状，偶有裂片或齿。花单生花葶；花瓣5～10，蓝色或淡紫色；子房被黄褐色的刺。蒴果被刺，刺基部加厚，常3～5瓣裂。

生于海拔3600～5100米的草坡。

角茴香属 *Hypecoum*

53. 细果角茴香
Hypecoum leptocarpum

一年生铺散草本，高4～60厘米。茎丛生，多分枝。基生叶多，狭倒披针形，二回羽状分裂；茎叶小。花茎多数，常2歧分枝，具轮生苞片，苞片二回羽状全裂。2歧聚伞花序；花瓣淡紫色，外面两枚大，全缘；里面两枚较小，3裂。蒴果狭线形，成熟时在关节处分裂，每节1粒种子。

生于海拔（1700）2700～5000米的山坡、草地、山谷、河滩、砾石坡、沙质地。

紫堇属 *Corydalis*

54. 浪穹紫堇
Corydalis pachycentra

粗壮小草本，须根纺锤状肉质增粗。茎直立，基生叶2～5枚；叶片轮廓近圆形，3全裂。总状花序顶生；苞片长圆状披针形；萼片鳞片状，早落；花瓣蓝色或蓝紫色，花瓣片背部具鸡冠状突起，距圆筒形，向上弯曲；柱头具8个乳突。蒴果椭圆状长圆形。

生于海拔（2700）3500～4200（5200）米的林下、灌丛下、草地或石隙间。

紫堇属 *Corydalis*

55. 金球黄堇
Corydalis chrysosphaera

多年生草本，构成小的垫状体，黄绿色，具主根。茎多，红色，肉质，分枝，具叶。叶淡黄绿色，二回羽状。总状花序伞形状，花5～10；苞片扇形，顶具长芒；花亮黄色，上花瓣具宽鸡冠状突起，距直立；柱头具6个具柄乳突。蒴果具2～6粒种子，扁圆形。

生于海拔（3000）3800～5500米的河滩地。

紫堇属 *Corydalis*

56. 斑花黄堇
Corydalis conspersa

多年生无毛草本，高10～30厘米。茎2～6，基部横卧，上升，不分枝或上部分枝，叶3～7。基生叶多，基部具长鞘；叶片卵形至长圆形，二回羽状。总状花序头状或近头状，花多达15～27；苞片匙形，边缘紫色，膜质，近全缘；花乳白色至黄色，具棕色斑点；外花瓣具鸡冠状突起，距钩状弯曲；柱头具4个乳突。蒴果爆炸开裂。

生于海拔（3800）4200～5000（5700）米的多石河岸和高山砾石地。

紫堇属 *Corydalis*

57. 皱波黄堇

Corydalis crispa

多年生草本，高20～50厘米。地下茎多少分支，具少数鳞片或残留叶柄，地上部分细弱，从土中现分枝多。叶具柄，叶片三角状卵形，二回羽状至三回三出，二回羽状三出。总状花序5～20，苞片全缘，果期花梗弯曲，花金黄色，上花瓣具波状或齿状鸡冠状突起，距向上弯曲。果有时圆球形，常有虫瘿。

生于海拔（3100）3500～4500（5100）米的山坡草地、高山灌丛、高山草地或路边石缝中。

紫堇属 *Corydalis*

58. 尖突黄堇

Corydalis mucronifera

多年生垫状草本，高2～4（6）厘米，具主根。茎数条发自基生叶腋。叶多数，长于花序，叶柄扁，叶片三出羽状分裂，末回裂片长圆形，具芒状尖突。花序伞房状，花5～10；苞片扇形，多裂，裂片具芒状尖突；花梗长7～12毫米，果期顶端钩状弯曲；花浅白色或米色而顶端带黄色，萼片具齿；上花瓣长8～11毫米，具鸡冠状突起；距圆筒形；柱头具5或6乳突。蒴果椭圆形。

生于海拔4200～5300米的高山流石滩。

紫堇属 *Corydalis*

59. 粗糙黄堇
Corydalis scaberula

多年生草本。须根棒状增粗，肉质。基生叶卵形，三回羽状分裂，背面具软骨质粗糙的柔毛；茎生叶通常2枚。总状花序密集多花；苞片边缘具软骨质的糙毛；花梗短于苞片；花瓣淡黄带紫色，花瓣片具鸡冠状突起，距圆筒形。蒴果长圆形，具8～10粒种子；种子圆形，种阜具细牙齿。

生于海拔（3500）4000～5600米的高山草甸或流石滩。

十字花科 Brassicaceae

独行菜属 *Lepidium*

60. 头花独行菜
Lepidium capitatum

一年或二年生草本，高10～35厘米，被紧密的腺毛。茎平卧，很少近直立，基部和上部分状。叶长圆形、匙形或披针形，常无毛，羽状半裂，基部渐狭。总状花序头状，果期不或稍增长；果梗细弱，开展，稍弯曲或直；花瓣白色，雄蕊4。短角果阔卵形，顶有翅，微缺。

生于海拔3000米左右的山坡。

荠属 *Capsella*

61. 荠

Capsella bursa-pastoris

一年或二年生草本，高10～50厘米，被疏或密的分叉毛，并混有单毛。茎直立，单一或分枝。基生叶莲座状；叶长圆形或倒披针形，羽状全裂、羽状半裂、大头羽裂或全缘。果梗开展，细弱；花萼绿色或淡红色；花瓣白色。短角果扁平，三角形，基部楔形，顶微凹或平截。

生于2400～4500米的山坡、田边及路旁。

葶苈属 *Draba*

62. 抱茎葶苈

Draba amplexicaulis

多年生草本，高30～60厘米。茎直立，密被长单毛、叉状毛和星状毛。基生叶狭匙形，顶端渐尖。总状花序有花30～80朵，密集成伞房状；萼片背面有单毛；花瓣金黄色，倒卵形。角果椭圆状卵形，顶端扭转；种子长卵形，褐色。

生于海拔3000～4600米的高山与亚高山草地。

葶苈属 *Draba*

63. 矮葶苈
Draba handelii

多年生丛生草本，植株矮小，高仅1.5～3厘米，成稠密草丛。根下部具鳞片状枯叶。茎被分枝毛。莲座状叶倒披针形，长3～7毫米，顶端渐尖，两面有毡毛状小星状分枝毛。总状花序有花3～8，无苞片；萼片长圆形，背面有毛；花瓣白色。短角果长卵形，有短毛。

生于海拔4050～5300米的高山流石坡、山坡垫状草甸。

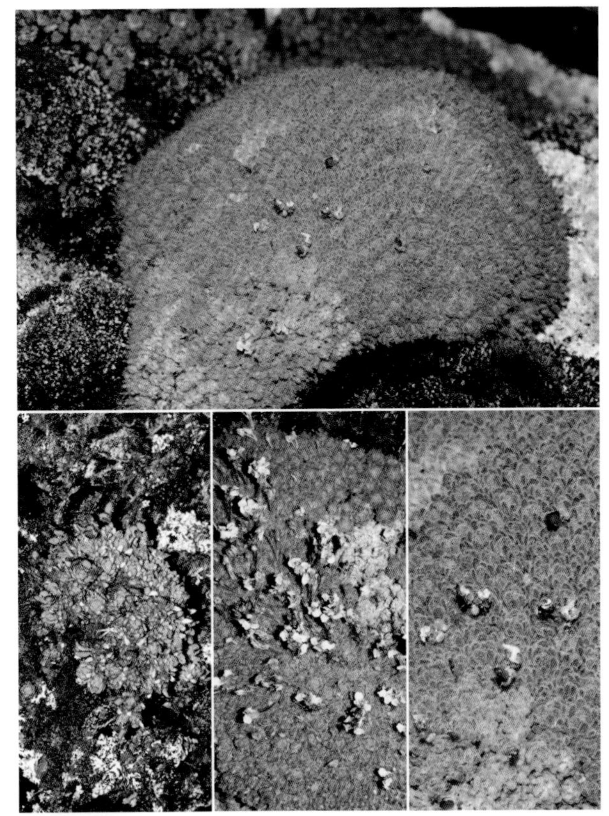

葶苈属 *Draba*

64. 绵毛葶苈
Draba winterbottomii

多年生丛生草本。花茎高2～6厘米，无叶，被星状分叉毛。基生叶密集成近于莲座状，成柱形；叶长椭圆形，长4～10毫米，全缘，具星状分叉毛和三叉毛。总状花序有花6～14；萼片有叉状毛及星状分叉毛；花瓣白色或黄色。短角果长条形，有毛。

生于海拔5000～5200米的高山草甸。

葶苈属 *Draba*

65. 毛葶苈
Draba eriopoda

一年生草本，高4～45厘米。茎直立，单一或少分枝，被单毛、星状毛、分枝毛。基生叶近莲座状，花期枯萎。茎叶无柄，卵形、长圆形、椭圆形或披针形，被分枝毛、星状毛、单毛，每边具1～6齿。总状花序，具花10～45，无苞片，果期伸长；花萼被单毛；花瓣黄色；子房具12～24枚胚珠。短角果不扭转，无毛。

生于海拔1990～4300米的山坡、阴湿山坡、河谷草滩。

葶苈属 *Draba*

66. 毛叶葶苈
Draba lasiophylla

多年生草本，高4～20厘米，从生。茎直立，单一，被星状毛。基生叶莲座状，叶片披针形或椭圆状长圆形，具分枝毛，全缘或每边各具1～3齿。总状花序具花7～20，无或最下部花具苞片；果梗直立或上升；被星状毛；花萼被毛；花瓣白色；子房具12～20枚胚珠。短角果常扭转，被毛或无毛。

生于海拔4000～5000米的山坡岩石上、石隙间。

葶苈属 *Draba*

67. 喜山葶苈
Draba oreades

多年生草本，高1.5～14厘米，丛生，具花葶。茎直立，单一，密被短柔毛，并混有单毛和分枝毛。基生叶莲座状，近圆形、倒卵形、匙形、倒披针形，密或疏被单毛，常混有分枝毛和星状毛，全缘或每边具齿1～2。总状花序，具花4～15，无苞片；果梗背面具毛，腹面被毛，或全无毛；花萼被毛或无毛；花瓣黄色；子房具6～12枚胚珠。短角果不扭转，无毛或被单毛、分枝毛。

生于海拔3000～5300米的高山岩石边及高山石砾沟边裂缝中。

碎米荠属 *Cardamine*

68. 细巧碎米荠
Cardamine pulchella

多年生草本，高6.5～20厘米。根茎基部具鳞茎。茎上部增粗，被短毛。基生叶常1枚；茎生叶1～3枚，有腋芽，具小叶3～5，小叶条状长椭圆形。总状花序顶生，有花2～8；萼片长椭圆形；花瓣白色、粉红色至紫色。长角果线状长椭圆形，两侧边缘具棱；种子近圆形。

生于海拔3600米的高山草甸或碎石堆上。

单花荠属 *Pegaeophyton*

69. 单花荠

Pegaeophyton scapiflorum

多年生无茎草本。根状茎细弱，少至多分枝。叶卵形、长圆形、椭圆形、倒披针形，稍肉质或不，无毛或腹面稍被毛，全缘或具齿，有时具缘毛。花萼无毛或稍被短柔毛；花瓣白色、粉色或蓝色。短角果长圆形、卵形或圆形，无毛；种子阔卵形。

生于海拔3500～5400米的高山水沟边、石下、河谷、沙滩石缝中。

花旗杆属 *Dontostemon*

70. 西藏花旗杆

Dontostemon tibeticus

二年生矮小草本，高2～8厘米。茎铺散或斜升。植株具白色硬糙毛。叶基生，具柄，叶片披针形，长1～3厘米，叶缘篦齿状深裂。总状花序短缩；萼片宽椭圆形，具膜质边缘；花瓣白色，瓣片下部带紫色。长角果近圆柱形，具硬毛；种子椭圆形。

生于海拔4200～4830米的高山草甸、山地阳坡、石滩及河滩沙石中。

花旗杆属 *Dontostemon*

71. 羽裂花旗杆
Dontostemon pinnatifidus

一年或二年生草本，高10～40厘米，具腺体。茎直立，常单一，上部分枝。基生叶和下部茎生叶被单毛和腺体；叶片披针形、椭圆形或长圆形，具牙齿、锯齿或羽状半裂，有缘毛；中上部茎叶线形全缘。总状花序，花梗被腺体，花萼无毛或稍被短柔毛，花瓣白色。长角果念珠状，有腺体。

生于海拔2700～3000米的路旁、荒地、山坡及山地向阳处。

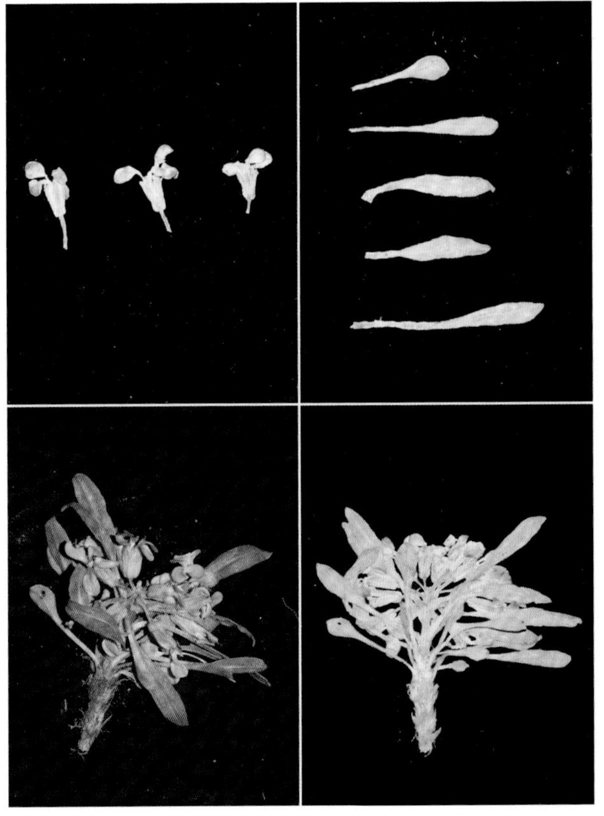

丛菔属 *Solms-Laubachia*

72. 线叶丛菔
Solms-laubachia linearifolia

多年生草本，高3～10厘米。茎密被宿存叶柄及叶痕。叶片狭长椭圆形或条形，长3.5～5厘米，两面密被长柔毛。花单生于花葶顶端，萼片长椭圆形，背面被长柔毛；花瓣粉红色，基部具长爪。长角果长椭圆形或卵形，密被长柔毛。

生于海拔3600～4300米的山坡石灰岩缝中。

丛菔属 *Solms-laubachia*

73. 总状丛菔

Solms-laubachia platycarpa

多年生垫状草本，高5～8厘米。茎具5～6分枝，有老叶柄宿存。叶片肉质，卵形、近圆形或披针形，长1～1.5厘米，下面疏被柔毛。总状花序轴具叶1～3片，长角果卵形或长椭圆形，长1.5～2厘米。种子每室2行，近圆形。

生于海拔4300～5700米的山坡或山顶岩石边。

条果芥属 *Parrya*

74. 裸茎条果芥

Parrya nudicaulis

多年生草本，高10～45厘米，全株被腺毛或无毛。基生叶莲座状，叶柄增厚，叶片披针形、线形、匙形，具齿至齿状波形；无茎生叶。花萼无毛或被腺体；花瓣粉色，中央带黄色，少白色或紫色。长角果线形至线状披针形，具腺毛；种子近圆形，扁平，具宽翅。

生于海拔2200～5500米的牧场河边砾石地。

沟子荠属 *Taphrospermum*

75. 泉沟子荠
Taphrospermum fontanum

多年生草本，高3～6厘米。根肉质，纺锤形。茎丛生，分枝，有单毛。基生叶在花期枯萎；茎生叶宽卵形或长圆形，长6～10毫米，两面无毛。总状花序；萼片宽卵形，有柔毛；花瓣白色或浅紫色。短角果宽卵形，压扁；种子宽卵形。

生于海拔4000～5000米的高山草地。

沟子荠属 *Taphrospermum*

76. 轮叶沟子荠
Taphrospermum verticillatum

多年生草本，高5～15厘米。茎1至数株，丛生，有白色单毛，基部有鳞片状叶，叶柄宿存。叶肉质，下部者常4～8枚轮生；叶片匙形，全缘，无毛。花序伞房状，每花均具苞片；萼片卵状长圆形；花瓣白色。短角果倒卵形或圆形。

生于海拔3800～4500米的高山岩石缝中。

山萮菜属 *Eutrema*

77. 密序山萮菜
Eutrema heterophyllum

多年生草本，高2～15厘米。全株无毛或被微柔毛。茎直立，单一。基生叶莲座状，稍肉质，叶片卵形、近圆形、披针形或菱形，基部心形、平截或楔形，全缘。果序紧密，近伞形或短总状。花萼卵形；花瓣白色，匙形。长角果线形或长圆形，稍具4棱；种子长圆形。

生于海拔4900～5100米的山顶流石坡上。

播娘蒿属 *Descurainia*

78. 播娘蒿
Descurainia sophia

一年生草本，高20～70厘米，无腺体，被叉状毛，上部有时无毛。茎直立，基部单一，上部常分枝。基生叶和下部茎生叶二或三回羽状全裂，卵形或长圆形；上部茎叶无柄或具短柄，较小。总状花序，多花，花萼淡黄色，花瓣黄色。长角果窄线形，念珠状。

生于低于海拔4200米的山坡、田野及农田。

芹叶荠属 *Smelowskia*

79. 藏芹叶荠
Smelowskia tibetica

多年生草本，全株有单毛及分叉毛。茎铺散，基部多分枝。叶线状长圆形，长6～25厘米，羽状全裂。总状花序下部花有1羽状分裂的叶状苞片；萼片长圆状椭圆形；花瓣白色，基部具爪。短角果长圆形，压扁；种子多数，卵形。

生于海拔4200～5100米的高山山坡、草地及河滩。

景天科 Crassulaceae

景天属 *Sedum*

80. 大炮山景天
Sedum erici-magnusii

一年生草本，无毛。花茎直立，高1～1.2厘米。叶长圆形，长1.5～3.5毫米，有宽和近2裂的距，先端渐尖或刺状硬尖。花序具花1～2；花为不等的4～5基数；萼片长圆形，有钝距，先端硬尖；花瓣淡黄色，雄蕊2轮；鳞片线状匙形；心皮3～4，基部微合生。蓇葖含种子4～8。

生于海拔3800～4300米的阳处岩石上。

景天属 *Sedum*

81. 高原景天
Sedum przewalskii

一年生无毛草本。根纤维状，花茎常自基部分枝，直立，1～4厘米。叶宽披针形至卵形，基部有截形距，顶端钝。伞房状聚伞花序，花3～7，苞片宽披针形至卵形；花5基数；花萼基部无距，顶钝；花瓣黄色，基部近合生；雄蕊5；鳞片狭线性。心皮基部合生或分离，胎座镰刀形。

生于海拔2400～5400米的高山坡干草地或岩石上。

红景天属 *Rhodiola*

82. 高山红景天
Rhodiola cretinii subsp. *sinoalpina*

多年生草本，高达5厘米。根颈细，被鳞片状叶。叶互生，椭圆状长圆状匙形至狭倒卵形，长5～9毫米，先端圆，基部下延，全缘，边上疏被微乳头状突起。花茎2～3条，上升至直立，高2～5厘米，不分枝，被微乳头状突起。

生于海拔4300～4400米的石隙、沟谷。

虎耳草属 *Saxifraga*

95. **山地虎耳草**
Saxifraga sinomontana

多年生草本，丛生，高4.5～35厘米。茎稍被褐色卷曲柔毛。基生叶具柄，边缘具褐色卷曲长柔毛；叶片椭圆形、长圆形至线状长圆形，无毛；上部茎叶无柄。聚伞花序，花2～8，少单花；花梗被褐色卷曲柔毛；花萼有时被毛；花瓣黄色，基部有2痂体。

生于海拔2700～5300米的灌丛、高山草甸、高山沼泽化草甸和高山碎石隙。

虎耳草属 *Saxifraga*

96. **唐古特虎耳草**
Saxifraga tangutica

多年生草本，丛生，高3.5～31厘米。茎被褐色卷曲柔毛；基生叶具柄，边缘稍被褐色卷曲柔毛；叶片卵形或披针形，较窄，两面无毛；茎叶较小。多歧聚伞花序，花8～24；花梗被褐色卷曲柔毛；花萼直立，后开展至反曲；花瓣黄色，或背面紫色、腹面黄色，2痂体。

生于海拔2900～5600米的林下、灌丛、高山草甸和高山碎石隙。

虎耳草属 *Saxifraga*

97. 爪瓣虎耳草

Saxifraga unguiculata

多年生草本，高2.5～13.5厘米，丛生。小主轴具莲座叶丛；花茎具叶，上部被褐色柔毛。莲座叶匙形至近狭倒卵形，边缘具刚毛状睫毛。花单生于茎顶；花梗被褐色腺毛；萼片起初直立，后变开展至反曲；花瓣黄色，中下部具橙色斑点，3～7脉，具不明显之2痂体或无痂体。

生于海拔3200～5644米的林下、高山草甸和高山碎石隙。

茶藨子属 *Ribes*

98. 东方茶藨子

Ribes orientale

灌木，雌雄异株，高0.5～2米。枝被短柔毛，黏质短腺毛或腺体。小枝粗壮，无刺。叶柄1～3厘米，叶片近圆形至肾状圆形，裂片3～5，具粗齿或重齿。花序和花被短柔毛和腺柔毛，雄花序直立，雌花序具花5～15，花少两性；花萼紫色至紫褐色，萼筒碟状至辐状；花瓣近扇形或近匙形，多少被柔毛。果红色至紫色，球形，被短柔毛和短腺毛。

生于海拔2100～4900米的高山林下、林缘、路边或岩石缝隙。

蔷薇科 Rosaceae

绣线菊属 *Spiraea*

99. 高山绣线菊
Spiraea alpina

灌木，高50～120厘米。小枝幼时被短柔毛。叶片多数簇生，线状披针形至长圆倒卵形，长7～16毫米，全缘，下面具粉霜。伞形总状花序，具花3～15；萼筒钟状，内面具短柔毛；花瓣倒卵形，白色；雄蕊20；花盘圆环形，具10个裂片；子房被短柔毛。蓇葖果开张，花柱开展。

生于海拔2000～4000米的向阳坡地或灌丛中。

鲜卑花属 *Sibiraea*

100. 窄叶鲜卑花
Sibiraea angustata

灌木，高达2.5米。小枝稍被短柔毛，后无毛；芽在鳞片边缘稍被短柔毛。叶在当年生枝上互生，老枝上丛生；叶片窄披针形或倒披针形，两面无毛。花序梗密被短柔毛，花梗被短柔毛，萼筒背面有短柔毛，花瓣白色，心皮无毛。

生于海拔3000～4000米的山坡灌木丛中或山谷砂石摊上。

无尾果属 *Coluria*

101. **无尾果**
Coluria longifolia

多年生草本。基生叶为间断羽状复叶，小叶片9～20对，上部者较大，愈向下方裂片愈小。花茎直立，有短柔毛；聚伞花序有花2～4，花梗密生短柔毛；副萼片长圆形，萼筒钟形；花瓣倒卵形或倒心形，黄色；雄蕊40～60，花丝基部扩大，宿存；子房长圆形，无毛。瘦果长圆形，黑褐色。

生于海拔2700～4100米的高山草原。

委陵菜属 *Potentilla*

102. **蕨麻**
Potentilla anserina

多年生草本，具匍匐茎。茎平卧，匍匐，被柔毛或无毛，在节处生根并长出新植株。基生叶长2～20厘米，羽状复叶，具小叶5～11对，背面密被伏贴的银色绢毛，边缘具尖锐锯齿。花单生；副萼椭圆形，常2～3裂；花瓣黄色，长于萼片。

生于海拔500～4100米的河岸、路边、山坡草地及草甸。

委陵菜属 *Potentilla*

103. 毛果委陵菜
Potentilla eriocarpa

亚灌木。根茎粗大，延长，木质，密被残存托叶。花茎直立或上升，高4～12厘米，疏被白色长柔毛。基生叶长3～7厘米，三出掌状复叶；小叶倒卵状椭圆形，背面脉上被白色长柔毛，上面疏被柔毛或无毛，顶端具5～7齿状深牙齿。花序顶生，花1～3；花萼三角状卵形；花瓣黄色；心皮密被扭曲长柔毛。瘦果被长柔毛。

生于海拔4300～5300米的高山草甸、岩石裂缝。

委陵菜属 *Potentilla*

104. 金露梅
Potentilla fruticosa

灌木，高0.5～2米，多分枝，树皮纵向剥落。羽状复叶，有小叶2对，稀3小叶，上面一对小叶基部下延与叶轴汇合；叶柄被绢毛或疏柔毛；小叶片长圆形、倒卵长圆形或卵状披针形，长0.7～2厘米，全缘，边缘平坦，两面绿色；托叶薄膜质，宽大，外面被长柔毛或脱落。单花或数朵生于枝顶，花梗密被长柔毛或绢毛；花直径2.2～3厘米；萼片卵圆形，顶端急尖至短渐尖，副萼片披针形至倒卵状披针形，外面疏被绢毛；花瓣黄色，宽倒卵形，顶端圆钝；花柱近基生，棒形，柱头扩大。瘦果近卵形，褐棕色，外被长柔毛。

生于海拔1000～4000米的山坡草地、砾石坡、灌丛及林缘。

委陵菜属 *Potentilla*

105. 银露梅
Potentilla glabra

灌木，树皮纵向剥落。小枝被稀疏柔毛。叶为羽状复叶，有小叶2对，稀3小叶，叶柄被疏柔毛；小叶片椭圆形、倒卵椭圆形或卵状椭圆形，长0.5～1.2厘米，全缘，托叶薄膜质。顶生单花或数朵，花梗细长，被疏柔毛；萼片卵形，副萼片披针形；花瓣白色，倒卵形。瘦果表面被毛。

生于海拔1200～4200米的森林、灌木丛、高山斜坡、沟壑、岩石附近。

委陵菜属 *Potentilla*

106. 白毛小叶金露梅
Potentilla parvifolia var. *hypoleuca*

低矮灌木，高0.3～1.5米，多分枝。小枝灰色或灰褐色，幼时被灰白色柔毛或绢毛。羽状复叶有2或3对小叶，基部2对呈掌状或轮状排列；小叶小，披针形、线状披针形，背面有白色茸毛或绢毛，上面被绢状短柔毛，边缘常反卷。花序顶生，总状或单生；花萼卵形；花瓣黄色；花柱近基生。瘦果有毛。

生于海拔900～5000米的林缘、山坡灌丛、石缝、草原上。

委陵菜属 *Potentilla*

107. 钉柱委陵菜
Potentilla saundersiana

多年生草本。花茎直立或上升，10～20厘米，被白色茸毛和柔毛。基生叶长2～5厘米，掌状分裂；小叶3～5，长圆状倒卵形，上面绿色，疏被伏柔毛，背面密被白色茸毛，边缘有锯齿；茎叶1或2。聚伞花序顶生，疏散，多花；副萼裂片短于花萼，顶端急尖；花瓣黄色。瘦果光滑。

生于海拔2600～5150米的山坡草地、多石山顶、高山灌丛及草甸。

山莓草属 *Sibbaldia*

108. 楔叶山莓草
Sibbaldia cuneata

多年生草本，基部木质。花茎直立或上升，高5～14厘米，被伏贴柔毛。基生叶长1.5～10厘米，三出复叶；叶柄被伏柔毛；小叶具短柄或近无柄，两面绿色且稍被柔毛，基部楔形，边缘具齿3～5；茎叶与基生叶相似但较小。伞房花序紧密，顶生；花萼卵形或长圆形；花瓣黄色。瘦果无毛。

生于海拔3400～4500米的高山草地、岩石缝中。

山莓草属 *Sibbaldia*

109. **四蕊山莓草**
Sibbaldia tetrandra

多年生草本，低矮，丛生或垫状。地下茎粗壮，圆柱形。花茎高2～5厘米。基生叶长0.5～1.5厘米，三出复叶，叶柄被白色柔毛；小叶两面绿色，倒卵状长圆形，两面被白色柔毛，基部楔形，顶端平截或具3齿。花常单生，单性；花萼4，三角状卵形；花瓣4，淡黄色；雄蕊4。瘦果无毛。

生于海拔3000～5400米的山坡草地、林下及岩石缝中。

马蹄黄属 *Spenceria*

110. **马蹄黄**
Spenceria ramalana

多年生草本。茎红褐色，疏被白色长柔毛或绢毛。基生叶长4.5～13厘米，羽状复叶，小叶13～21，纸质，全缘。总状花序，花12～15，总苞被长单毛和腺毛；花直径1.5～2厘米；花梗直立；副萼被单毛和腺毛；花瓣黄色；花柱2。瘦果球形，黄褐色。

生于海拔3000～5000米的高山草原石灰岩山坡。

豆科 Fabaceae

野决明属 *Thermopsis*

111. 轮生叶野决明

Thermopsis inflata

多年生草本，高10～20厘米。具根状茎。茎直立，分枝，被白色绢状长柔毛。小叶三出，与托叶呈轮生状，长1.6～2.8厘米；小叶倒卵形，下面被长柔毛。总状花序顶生；苞片叶片状；萼被白色柔毛；花冠黄色。荚果阔卵形，膨胀，被长柔毛。

生于海拔4500～5000米的高山岩壁、坡地、河滩和湖岸砾质草地。

黄耆属 *Astragalus*

112. 云南黄耆

Astragalus yunnanensis

多年生草本，茎短，无毛。叶长5～12厘米，托叶分离，披针形，仅边缘被毛；小叶2～27枚，宽卵形或卵形，上面无毛，下面疏被白色长柔毛。总状花序腋生，密生2～13朵下垂的花；花萼密被黑色长柔毛；花冠淡黄色；子房密被白色和黑色长柔毛，无柄。荚果卵形，1室。

生于海拔300～4300米的山坡草地、灌丛、高山草甸。

棘豆属 *Oxytropis*

113. 镰荚棘豆
Oxytropis falcata

多年生草本，具腺体，高达35厘米。奇数羽状复叶，小叶25～45，对生或互生，线状披针形，长0.5～1.5（2）厘米，被长柔毛和腺点。头形总状花序；花萼筒状，密被长柔毛，密生腺点；花冠蓝紫或紫红色；子房披针形，被伏贴白色短柔毛。荚果镰刀状弯曲。

生于海拔2700～5200米的河畔草甸、山坡、草原、高山草甸、沙质和石质地区、谷底、荒漠草原。

棘豆属 *Oxytropis*

114. 长喙棘豆
Oxytropis thomsonii

多年生草本，高15～25厘米。茎缩短，被长柔毛。羽状复叶长6～12厘米；托叶与叶柄贴生；叶柄和叶轴被长柔毛；小叶19～27（51），长圆状披针形，被长柔毛。总状花序；花萼近筒状，被长柔毛；花冠蓝紫色。荚果线状长圆形，被长柔毛。

生于海拔3600～3800米的山坡上或灌丛下。

棘豆属 *Oxytropis*

115. 少花棘豆
Oxytropis pauciflora

多年生草本，高5～10厘米。茎缩短，羽状复叶长3～8厘米；托叶与叶柄贴生，彼此合生至中部；小叶11～19，长圆状卵形、长圆形，被伏贴白色长柔毛。3～5花组成近伞形短总状花序；总花梗与叶等长，花萼钟状，密被伏贴黑色短柔毛；花冠蓝紫色，喙长约1毫米。荚果被白色短柔毛，1室。

生于海拔 4500～5550米的高山石质山坡、高山灌丛草甸、高山草甸、河漫滩草地和沟边草地。

棘豆属 *Oxytropis*

116. 云南棘豆
Oxytropis yunnanensis

多年生草本，高7～15厘米。羽状复叶长2～9厘米；托叶纸质，长卵形，与叶柄离生，疏被白色和黑色长柔毛；小叶9～25，披针形，长5～7毫米，宽1.5～3毫米，两面疏被白色短柔毛。3～12花组成头形总状花序；总花梗疏被短柔毛；苞片膜质，被白色和黑色毛；花萼钟状，疏被黑色和白色长柔毛，萼齿锥形；花冠蓝紫色或紫红色。荚果具柄或近无柄，椭圆形或卵形，密被黑色伏贴短柔毛。

生于海拔3500～4600米的山坡灌丛草地、冲积地、石质山坡岩缝中。

岩黄耆属 *Hedysarum*

117. 黄花岩黄耆
Hedysarum citrinum

多年生草本，高30～80厘米。茎具明显棱槽。叶长8～16厘米；托叶合生近顶部；小叶通常15～19，长卵形，长15～30毫米。总状花序腋生，花序轴被柔毛；苞片披针形，外被疏柔毛；花萼斜钟状，被疏柔毛，萼齿不等长；花冠淡黄色。荚果2～4节，具网纹。

生于海拔3200～4200米的山地针叶林的林下及其针叶林带的砾石质山坡、灌丛。

岩黄耆属 *Hedysarum*

118. 锡金岩黄耆
Hedysarum sikkimense

多年生草本，高5～100厘米。茎数枚至丛生，上升至直立。托叶阔披针形，叶长5～7厘米，具17～23小叶；小叶卵状长圆形，背面沿脉和边缘具柔毛，上面无毛。总状花序偏向一侧，紧密多花；花萼钟状，被柔毛；花冠紫色；子房密被短柔毛。荚果1～3节，扁平，被短柔毛，边缘具不规则齿。

生于海拔3100～4500米高山干燥阳坡的高山草甸和高寒草原、疏灌丛以及各种沙砾质的干燥山坡。

岩黄耆属 *Hedysarum*

119. 藏豆

Hedysarum tibeticum

多年生草本，高4～5厘米。茎短缩，不明显。托叶卵形，膜质。叶长4～7厘米，具11～15小叶；小叶长卵形至椭圆形，背面有伏贴短柔毛，上面无毛。总状花序伞房状，花3～6；苞片卵形；花萼斜钟形，被柔毛；花冠淡红色；子房无毛，胚珠2～5。荚果长倒卵形，稍膨胀，具刺状突起。

生于海拔4000～4600米的高寒草原的沙质河滩、阶地、洪积扇冲沟和其他低凹湿润处。

锦鸡儿属 *Caragana*

120. 鬼箭锦鸡儿

Caragana jubata

灌木，直立或伏地，高0.3～2米。羽状复叶有4～6对小叶；托叶不硬化成针刺；叶轴宿存；小叶长圆形，先端圆或尖，具刺尖头，被长柔毛。花梗单生，基部具关节，苞片线形；花萼钟状管形，被长柔毛；花冠玫瑰色、淡紫色、粉红色或近白色；子房被长柔毛。荚果密被丝状长柔毛。

生于海拔2400～3000米的山坡、林缘。

大戟科 Euphorbiaceae

大戟属 *Euphorbia*

121. 高山大戟

Euphorbia stracheyi

多年生草本，平卧，上升或直立，高5～30厘米，常深紫色。根茎细长，长10～20厘米，末端具块根。茎单一或呈簇，多分枝，幼时红色或淡红色，无毛或被微柔毛，不育枝存在。叶互生，无托叶，无叶柄；叶片倒卵形，无毛，全缘。假伞形花序顶生，总苞叶5～8，伞幅5～8；苞叶常3，杯状聚伞花序无柄；总苞杯状，腺体4；雄花多，不伸出；子房光滑，花柱分离。蒴果卵球形，光滑无毛；种子圆柱状，灰褐色或淡灰色。

生于海拔1000～4900米的高山草甸、灌丛、林缘或杂木林下。

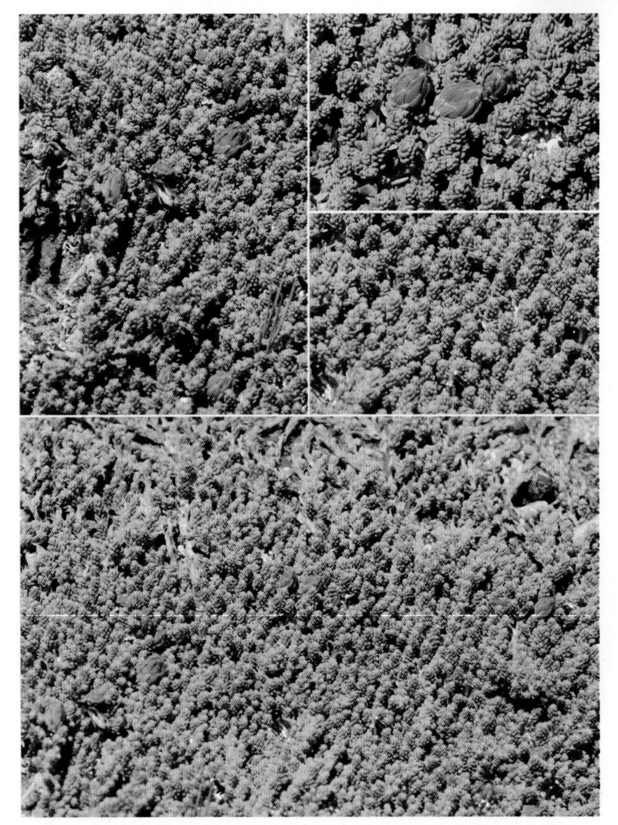

柽柳科 Tamaricaceae

水柏枝属 *Myricaria*

122. 匍匐水柏枝

Myricaria prostrata

匍匐矮灌木，高5～14厘米。枝上常生不定根。叶长圆形、狭椭圆形，长2～5毫米，有狭膜质边。总状花序圆球形，侧生于去年生枝上；花梗极短，基部被鳞片；萼片卵状披针形；花瓣倒卵形，淡紫色至粉红色。蒴果圆锥形。种子长圆形，顶端具芒柱。

生于海拔4000～5200米的高山河谷沙砾地、湖边沙地和砾石质山坡及雪水融化后所形成的水沟边。

水柏枝属 *Myricaria*

123. 具鳞水柏枝
Myricaria squamosa

直立灌木，高1～5米。老枝有条纹和白色皮膜。叶披针形或狭卵形，长1.5～5（10）毫米，具狭膜质边。总状花序侧生；花序基部被鳞片，鳞片宽卵形；苞片椭圆形；萼片有宽或狭的膜质边；花瓣倒卵形或长椭圆形，紫红色或粉红色。蒴果狭圆锥形，长约10毫米。

生于海拔2400～4600米的山地河滩及湖边沙地。

堇菜科 Violaceae

堇菜属 *Viola*

124. 双花堇菜
Viola biflora

多年生草本，叶互生，长椭圆形至卵状长椭圆形，两面无毛，全缘；总苞叶5～8枚，伞幅5～8，苞叶常3枚，卵圆形，总苞杯状，边缘4裂，腺体4；雄花多枚，伸出总苞；雌花1枚，明显伸出总苞之外；子房被稀疏的刺状或瘤状突起，花柱3。蒴果球状，被刺状或瘤状突起；种子卵状。

生于海拔1500～2700米的山坡、草甸、林缘及沙石砾地区。

堇菜属 *Viola*

125. 鳞茎堇菜
Viola bulbosa

多年生矮草本。根状茎细，有多数纤维状细根，下部具一鳞茎。叶柄具狭翅；叶片肾形或近圆形，长1～2厘米，宽5～14毫米，基部心形，边缘有圆齿。花小，白色；花梗细软，中部以上有2枚线形小苞片；萼片卵形；花瓣倒卵形；距囊状，粗而短；子房无毛，花柱基部膝曲，柱头顶端三角形。

生于海拔2200～3800米的山谷、山坡草地、耕地边缘土壤较疏松处。

胡颓子科 Elaeagnaceae

沙棘属 *Hippophae*

126. 西藏沙棘
Hippophae tibetana

小灌木，高10～60厘米。老茎深灰色，粗，具规则相隔的叶痕；叶茎细弱，不分枝，刺生顶端。叶大多3叶轮生；叶片背面带白色，上面灰色，线状长圆形，密被鳞片，背面具散生的近全缘的红褐色鳞片，中脉红褐色，边缘平。雌雄异株，果实黄绿色，球形至椭圆形、圆柱形，内果皮与种子难分离，种子稍扁。

生于海拔3300～5200米的高原草地河漫滩及岸边。为高寒地区的植株。

杉叶藻科 Hippuridaceae

杉叶藻属 *Hippuris*

127. 杉叶藻

Hippuris vulgaris

多年生挺水草本。茎高20～60厘米，圆柱形，不分枝。叶线形，展开，全缘，质软，1脉，4～12枚轮生。花小，单生叶腋；花被退化；花柱及柱头比雄蕊稍长，宿存；雄蕊1；花药广卵形。瘦果长圆形，淡紫色，顶端近截形。

生于海拔40～5000米的池沼、湖泊、溪流、江河两岸等浅水外，在稻田内等水湿处也有生长。

伞形科 Apiaceae

矮泽芹属 *Chamaesium*

128. 矮泽芹

Chamaesium paradoxum

二年生草本，植株高5～35厘米。根长圆锥形。基部叶下部叶鞘长且宽；叶片长圆形，具4～6对羽片，远离，末回裂片卵形至卵状披针形，全缘或具2～3浅齿；上部叶变小。复伞形花序宽3～5厘米；苞片3～5，线形，全缘或叶状；伞辐6～12，极不等；小苞片3～5，全缘；萼齿小；花瓣白色或黄绿色。果长圆状椭圆形，棱明显。

生于海拔340～4800米的山坡湿草地。

棱子芹属 *Pleurospermum*

129. 美丽棱子芹

Pleurospermum amabile

植株高15～50厘米。根粗壮，深褐色。茎单一，粗壮，堇紫色，不分枝。基部叶柄长3～6厘米，鞘阔卵形，叶片三角状卵形，三至四回三出羽裂，末回裂片线形；茎叶向上渐小，鞘强烈的扩大，灰白色，具紫色脉纹，膜质，边缘啮齿状。复伞形花序单生；苞片与上部茎叶相似；伞辐20～30，不等；花瓣倒心形，白色至深紫色。果卵状长圆形，果棱具窄的微波状翅，每棱槽油管3。

生长于海拔3600～5100米的山坡草地或灌丛中。

130. 垫状棱子芹

Pleurospermum hedinii

莲座状草本，高4～8厘米。茎甚短，肉质。基部叶柄长3～5厘米，扁平，具翅，鞘狭窄；叶片长圆形，二回羽状，羽片5～7对，末回裂片倒卵形，顶端具小齿。复伞形花序密集呈头状，顶生；苞片多数，叶状，伞辐40～50，肉质；小苞片8～12，顶端3裂；萼齿三角形；花瓣白色至淡紫红色。果阔卵形，果棱具宽波状翅。

生长于海拔5000米左右的山坡草地。

棱子芹属 *Pleurospermum*

131. 喜马拉雅棱子芹
Pleurospermum hookeri

植株高10～40厘米。根深褐色。茎具棱。基部和下部叶鞘狭长圆形，边缘膜质，叶片三角状卵形，三至四回三出羽裂，羽片7～9对；上部叶渐小，叶柄完全变成叶鞘。复伞形花序；苞片5～7，线状披针形，顶端长尾尖或羽状分裂；小苞片线状披针形，边缘膜状，白色；花白色。果卵形，果棱有翅。

生于海拔3500～4500米的山梁草坡上。

小芹属 *Sinocarum*

132. 紫茎小芹
Sinocarum coloratum

植株高8～25厘米。根粗厚，胡萝卜状或近于块状。茎单生或2～4，通常带紫色。基生叶及下部叶有柄；叶片披针形，长2～7厘米，二至三回羽状分裂。伞辐5～10，无小总苞片或2～3；萼齿细小，钻形；花瓣白色。果实卵形。

生于海拔2900～4100米的草坡、杂木林下或岩石上。

杜鹃花科 Ericaceae

杜鹃属 *Rhododendron*

133. **栎叶杜鹃**
Rhododendron phaeochrysum

常绿灌木，高1.5～4.5米。叶革质，长圆形、长圆状椭圆形，长7～14厘米，先端具小尖头，下面密被毡毛状毛被。顶生总状伞形花序，有花8～15；花萼小；花冠漏斗状钟形，白色或淡粉红色，筒部上方具紫红色斑点，内面基部被白色微柔毛。

生于海拔3300～4200米的高山杜鹃灌丛中或冷杉林下。

杜鹃属 *Rhododendron*

134. **单花杜鹃**
Rhododendron uniflorum

常绿矮小灌木，高10～50厘米。幼枝有鳞片和微柔毛。叶革质，长圆状倒卵形、长圆状椭圆形，长13～25毫米，下面苍白色，被小鳞片。花序顶生，具花1～2；花梗被鳞片；花萼小；花冠宽漏斗状，紫色，外面密被柔毛和疏鳞片。

生于海拔3300～4000米的高山草地和峭谷崖壁上。

杜鹃属 *Rhododendron*

135. 雪层杜鹃
Rhododendron nivale

平卧或直立多分枝小灌木，常构成垫状，高0.6～0.9米，枝密被深锈色的鳞片。叶柄0.5～2（3）毫米，被鳞片；叶片椭圆形、卵形，基部宽楔形，顶端圆，背面被淡金黄色和深褐色鳞片，二色，上面深绿色，密被鳞片。花序具花1～2；萼裂片长圆形，边缘具纤毛、鳞片；花管阔漏斗形，粉色或淡紫色至紫色。

生于海拔3200～5800米的高山灌丛、冰川谷地、草甸。常为杜鹃灌丛的优势种。

杜鹃属 *Rhododendron*

136. 樱草杜鹃
Rhododendron primuliflorum

常绿小灌木，茎表皮常薄片状脱落，幼枝密被鳞片和短刚毛。叶革质，芳香，长圆形、长圆状椭圆形，下面密被重叠成2～3层屑状鳞片。花序顶生，头状，花5～8；花梗被鳞片；花萼外面疏被鳞片；花冠狭筒状漏斗形，白色，罕为粉红色，内面喉部被长柔毛。蒴果卵状椭圆形，密被鳞片。

生于海拔3700～4100米的山坡灌丛、高山草甸、岩坡或沼泽草甸。

报春花科 Primulaceae

点地梅属 *Androsace*

137. 鳞叶点地梅
Androsace squarrosula

多年生草本。疏丛；根出条深褐色，具莲座状叶丛；叶呈不明显的两型，外层叶卵形至阔卵圆形；内层叶披针形，带软骨质。花葶藏于叶丛中；花单生，近无梗；花萼钟状，分裂近达中部，具缘毛；花冠白色，直径6～7毫米；裂片倒卵状长圆形。

生于海拔3000～3300米的河谷山坡。

点地梅属 *Androsace*

138. 腺序点地梅
Androsace adenocephala

多年生草本；叶3型，外层叶三角状披针形，下部边缘白色，中层叶舌形，稍高出外层叶，内层叶倒卵状披针形或窄倒披针形，两面密被硬毛状白色长毛。花葶单一，被开展的长柔毛和具柄腺体，伞形花序近头状；苞片被长柔毛和腺体；花萼杯状，分裂约达中部，被稀疏长柔毛和腺毛；花冠粉红色，喉部带黄色。

生于高山草甸或灌丛中。

点地梅属 *Androsace*

139. 垫状点地梅
Androsace tapete

多年生草本，紧密圆丘垫状。根出短枝紧密排列，莲座叶叠成柱状丛生，常无节间，直径2～3毫米。叶无柄，二型，外层二叶深褐色，舌形至长圆状椭圆形，近无毛，内层叶线形至狭倒披针形，背面中上部密被白色簇生长柔毛，上面近无毛。花单生，近无柄，藏于叶丛；苞片线形，膜质；花萼浅裂；花冠粉色。

生于海拔3500～5000米的砾石山坡、河谷阶地和平缓的山顶。

点地梅属 *Androsace*

140. 高原点地梅
Androsace zambalensis

多年生草本，常形成密丛或垫状体。叶近二型，外层叶长圆形或舌形，早枯，深褐色；内层叶狭舌形至倒披针形。花葶单生，高1～2厘米，被开展的长柔毛；伞形花序2～5花；苞片背部和边缘具长柔毛；花梗被柔毛；花萼阔钟形或杯状，密被柔毛，分裂近达中部；花冠白色，喉部周围粉红色。

生于海拔3600～5000米湿润的砾石草甸和流石滩上。

点地梅属 *Androsace*

141. **昌都点地梅**
Androsace bisulca

多年生草本，半球形密丛。枝上有残存的枯叶。叶呈不明的两型，内层叶披针形或线形，边缘被长柔毛；外层叶顶端具画笔状长柔毛。花葶疏被长柔毛；伞形花序有花2～8；苞片被长柔毛；花梗与苞片等长；花萼密被白色长柔毛；花冠白色或粉红色，喉部黄色。

生于海拔3100～4200米的林缘和草甸。

报春花属 *Primula*

142. **黛粉美花报春**
Primula calliantha subsp. *bryophila*

多年生草本。叶丛基部有鳞片，呈鳞茎状。叶片狭卵形或矩圆形，边缘具小圆齿，下面密被黄绿色粉。伞形花序1轮，花3～10；苞片背面具中肋，腹面被黄粉；花梗密被粉；花冠淡紫红色至深蓝色，喉部被黄粉。蒴果仅略长于花萼。

生于海拔3800～4500米的高山草地和杜鹃丛中。

报春花属 *Primula*

143. 白心球花报春
Primula atrodentata

多年生草本，花期基部无芽鳞。叶莲座状，叶柄退化至与叶片等长，叶片椭圆形至长圆形或匙形，具小腺体，背面偶被粉，边缘具细牙齿。花葶4～8（15）厘米高，果期20～30厘米，顶端被黄粉；伞形花序头状，多花；苞片线状披针形，基部隆起；花萼钟形，被腺体或稀有粉，中裂；花冠淡紫色或淡蓝紫色；花柱不等长。

生于海拔3600～4000米的高山草甸和矮林、灌丛中。

报春花属 *Primula*

144. 白粉圆叶报春
Primula littledalei

多年生草本。叶莲座状，叶片圆形至肾形，背面具白粉，上面被微柔毛，基部深心形至截形，边缘具粗牙齿或重牙齿，顶端圆。花葶4～18厘米，被微柔毛，伞形花序，具花3～15；苞片线状披针形；花萼钟形；花冠粉色，淡紫色；花柱少长于花萼。蒴果卵圆形，稍短于花萼。

生于海拔4300～5000米的石缝中。

报春花属 *Primula*

145. 大叶报春
Primula macrophylla

多年生草本。叶从基部有鳞片、叶柄包叠成假茎状，并具纤维状枯叶。叶莲座状，叶柄具宽翅；叶片披针形至倒披针形，长10～25厘米，背面有白粉，全缘至具细牙齿。花葶高10～60厘米，顶端具粉，伞形花序5至多花；苞片线形披针形；花梗长1～3.5厘米；花萼管状，裂片披针形；花冠紫色；裂片全缘或微具凹缺。

生长于海拔4500～5200米的山坡草地和碎石缝中。

报春花属 *Primula*

146. 钟花报春
Primula sikkimensis

多年生草本。叶莲座状，叶柄分化不明显或与叶片等长；叶片椭圆形至长圆形或倒披针形，薄纸质，基部渐狭，边缘具圆锯齿或牙齿，背面网脉明显。花葶高15～90厘米，顶端被黄粉；伞形花序1，稀2；2至多花；苞片披针形，基部常隆起；花梗被黄粉；花萼钟形，被粉多；花冠黄色，干时深绿色；花柱不等长。

生于海拔3200～4400米的林缘湿地、沼泽草甸和水沟边。

报春花属 *Primula*

147. 西藏报春
Primula tibetica

多年生草本。叶莲座状，叶柄长接近叶片长度的3倍；叶片卵形至椭圆形或匙形，无毛，基部楔形至近圆形，边缘全缘，顶端钝至圆。伞形花序具花2～10；苞片长圆形至披针形，基部下延成耳状，长达1～1.5毫米；花萼管状钟形，中裂，具明显5棱；花冠粉紫色或淡紫色；花柱不等长。蒴果筒状，稍长于花萼。

生于海拔3200～4800米的山坡湿草地和沼泽化草甸中。

羽叶点地梅属 *Pomatosace*

148. 羽叶点地梅
Pomatosace filicula

叶多数，叶柄甚短或长达叶片的1/2，被疏长柔毛；叶片轮廓线状矩圆形，长1. 5～9厘米，宽6～15毫米，两面沿中肋被白色多细胞疏长柔毛，羽状深裂至近羽状全裂，裂片线形，全缘或具1～2齿。花葶高（1）3～9（16）厘米，疏被长柔毛：伞形花序具花（3）6～12；苞片线形：花梗无毛；花萼杯状或陀螺状，果时增大；花冠白色，裂片矩圆状椭圆形，尖端钝。

生于海拔3000～4500米的高山草甸和河滩沙地。

龙胆科 Gentianaceae

龙胆属 *Gentiana*

149. 刺芒龙胆

Gentiana aristata

一年生草本，高3～10厘米。茎铺散。基生叶在花期枯萎，宿存；茎生叶对折，线状披针形，长5～10毫米，先端渐尖，具小尖头，边缘膜质。花多数，单生；花萼漏斗形，裂片线状披针形；花冠下部黄绿色，上部蓝色，喉部具蓝灰色宽条纹。蒴果有宽翅。

生于海拔1800～4600米的河滩草地、河滩灌丛下、沼泽草地、草滩、高山草甸、灌丛草甸、草甸草原、林间草丛、阳坡砾石地、山谷及山顶。

龙胆属 *Gentiana*

150. 青藏龙胆

Gentiana futtereri

多年生草本，高5～10厘米。花枝丛生，铺散，斜升。叶先端急尖，边缘粗糙。花单生枝顶，基部包围于上部叶丛中；无花梗；萼筒宽筒形，裂片与上部叶同形；花冠上部深蓝色，下部黄绿色，具深蓝色条纹和斑点。蒴果椭圆形；种子宽矩圆形。

生于海拔2800～4400米的山坡草地、河滩草地、高山草甸、灌丛中及林下。

龙胆属 *Gentiana*

151. **蓝白龙胆**

Gentiana leucomelaena

一年生草本，高2～10厘米。茎平卧至上升，基部分枝，无毛。基生叶花期枯萎；叶片卵状椭圆形至卵圆形，边缘不明显膜质；茎叶3～5对，叶片披针形至椭圆形。花少，花梗无毛；花萼钟形，裂片三角形，边缘狭膜质；花冠淡蓝色，稀白色，钟形，具蓝灰色条纹，喉部有深蓝色斑点。

生于海拔1940～5000米的沼泽化草甸、山坡草地、高山草甸。

龙胆属 *Gentiana*

152. **全萼秦艽**

Gentiana lhassica

多年生草本，高7～10厘米。茎上升，细弱单一，无毛。基生叶柄膜质；叶片线状披针形至线状椭圆形，边缘粗糙；茎叶2或3对，叶片椭圆状披针形。花单生，花梗紫色；花萼筒倒圆锥形，膜质；裂片5，草质；花冠里面淡蓝色至蓝色，外面深褐色，筒状至漏斗状。

生于海拔4200～4900米的高山草甸。

龙胆属 *Gentiana*

153. 云雾龙胆
Gentiana nubigena

多年生草本，高3～10厘米。根茎短。茎1或2，直立，单一，初期被乳突。莲座叶丛1～4，直立；叶片有时对折，披针形或匙形；茎叶1～3对，叶片椭圆形至椭圆状披针形，顶端钝。1～3花顶生，无柄或近无柄；花萼倒圆锥形，裂片不等；花冠深蓝色至蓝紫色，筒状，钟形，下部黄白色，具深蓝色条纹。

生于海拔3000～5300米的沼泽草甸、高山灌丛草原、高山草甸、高山流石滩。

龙胆属 *Gentiana*

154. 麻花艽
Gentiana straminea

多年生草本，高10～35厘米。茎上升，粗壮，单一，无毛。基生叶叶柄长2～4厘米，膜质；叶片阔披针形至卵状椭圆形，边缘粗糙，顶端渐尖；茎叶3～5对，线状披针形。聚伞花序腋生或顶生，构成狭圆锥花序；花萼筒紫色，佛焰苞状，一侧开裂近基部，膜质；萼齿2～5，钻形；花冠淡黄绿色，漏斗状，喉部具绿色斑点。

生于海拔2000～4950米的高山草甸、灌丛、林下、林间空地、山沟、多石干山坡及河滩等地。

花锚属 *Halenia*

155. 椭圆叶花锚 *Halenia elliptica*

多年生草本，高15～90厘米。茎直立，近四棱形，具条纹，单一或分枝。基生叶叶柄扁平；叶片匙形，椭圆形；茎叶无柄或具短柄，叶片长圆形、椭圆形或卵形，5脉。花萼裂片椭圆形至卵形，顶端渐尖；花冠蓝色至紫色，连距长1～1.5厘米，钟形；裂片椭圆形至卵形，顶端钝，具细尖。

生于海拔700～4100米的高山林下及林缘、山坡草地灌丛中、山谷水沟边。

扁蕾属 *Gentianopsis*

156. 湿生扁蕾 *Gentianopsis paludosa*

一年生草本，高3.5～40厘米。茎上升至直立，基部分枝。基生叶3～5对；叶柄扁；叶片匙形，基部楔形，边缘粗糙；茎叶1～4对，无柄，长圆形至椭圆状披针形。花梗直立，果期伸长；花萼裂片不等长，外面的窄三角形；里面的卵形，边缘膜质；花冠蓝色，裂片顶端圆，下部边缘具条状流苏。

生于海拔1180～4900米的河滩、山坡草地、林下。

喉毛花属 *Comastoma*

157. 镰萼喉毛花

Comastoma falcatum

一年生草本，高4～25厘米。茎从基部分枝，叶片矩圆状匙形或矩圆形。花5基数，单生分枝顶端；花梗四棱形；花萼深裂近基部，基部有浅囊；花冠蓝色，深蓝色或蓝紫色，有深色脉纹，喉部具一圈副冠，10束，基部具10个小腺体；柱头2裂。蒴果狭椭圆形或披针形；种子褐色，近球形。

生于海拔2100～5300米的河滩、山坡草地、林下、灌丛、高山草甸。

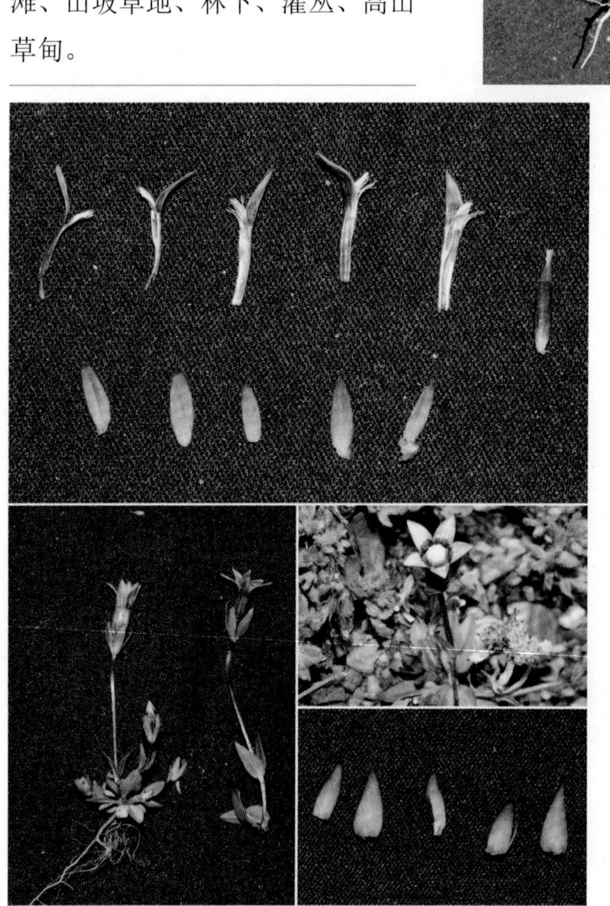

喉毛花属 *Comastoma*

158. 喉毛花

Comastoma pulmonarium

一年生草本，高5～30厘米。茎直立，近四棱形，基部分枝。基生叶少，叶片长圆形至长圆状匙形；茎叶无柄，卵状披针形，半抱茎。顶生及腋生聚伞花序，花梗直立；花萼开展，裂片狭椭圆形，顶端急尖；花冠淡蓝色，具深蓝色脉，筒形至宽筒形，喉部具一圈白色副冠，上部流苏状条裂，裂片直立；筒基部腺体10。

生于海拔3000～4800米的河滩、山坡草地、林下、灌丛及高山草甸。

紫草科 Boraginaceae

附地菜属 *Trigonotis*

159. **附地菜**

Trigonotis peduncularis

一年或二年生草本。茎多数，铺散，基部多分枝，高5～30厘米，被短糙伏毛。基生叶莲座状，具柄，匙形，被糙伏毛；上部茎叶无柄，长圆形至椭圆形。花序顶生，幼时拳卷，基部2或3花，具叶状苞片；花萼裂片卵形；花冠亮蓝色或粉色，喉部附属物白色或淡黄色。小坚果4，斜钻形。

生于平原、丘陵草地、林缘、田间及荒地。

齿缘草属 *Eritrichium*

160. **疏花齿缘草**

Eritrichium laxum

多年生草本，高5～15厘米。茎丛生，直立至外倾，疏被伏贴短柔毛。基生叶长1～4厘米；叶片卵状披针形；茎叶倒披针形，被伏贴短柔毛，基部楔形，顶端急尖。下部的1或2花生叶腋，上部3～7花排成总状花序状；腋生花花梗长可达2.5厘米，疏生微毛；花萼裂片线形至倒披针形，外糙伏毛，内疏生伏贴短柔毛；花冠白色或亮蓝色，钟状辐形，附属物新月形。小坚果背腹扁，被短柔毛。

生于海拔4000～5000米的山坡草地、山顶或岩石表面。

微孔草属 *Microula*

161. 微孔草
Microula sikkimensis

二年生草本植物。茎直立或上升，不密集，基部多分枝或不分枝，高6～65厘米，具刚毛。基部和下部茎叶具长柄，阔披针形至卵形；上部茎叶渐小，卵形至阔披针形，两面有刚毛，基部有基盘。花序顶生，密集；花梗密被糙伏毛，花萼裂至基部，裂片被短柔毛和糙硬毛；花冠蓝色或蓝紫色，无毛，附属物低梯形或新月形。

生于海拔3000～4500米的山坡草地、灌丛下、林边、河边多石草地、田边或田中。

微孔草属 *Microula*

162. 西藏微孔草
Microula tibetica

二年生草本植物，高1厘米，被短糙硬毛或近无毛。分枝短，构成莲座叶丛。叶平卧，匙形，背面具白色短刚毛，基部具基盘，上面被稀疏刚毛和短糙伏毛，近全缘或波状。花序顶生，密集呈头状；花梗短；花萼裂片狭三角形，外面被短柔毛；花冠蓝色或白色，无毛，附属物低梯形，裂片宽3.2～4毫米。小坚果具瘤，无孔。

生于海拔4500～5300米湖边沙滩上、山坡流沙中或高原草地。

唇形科 Lamiaceae

筋骨草属 *Ajuga*

163. 白苞筋骨草

Ajuga lupulina

多年生草本，具地下茎，高8～25厘米。茎粗壮，直立，具棱，节被长柔毛。叶柄具狭翅，基部抱茎；叶片披针形，上面无毛或被疏柔毛，边缘具波状圆齿。苞叶黄白色、白色，卵形至阔卵形，抱茎，全缘；花萼钟形；花冠白色，狭漏斗形，疏被长柔毛。小坚果中部稍膨大。

生于海拔1900～3200米的河滩沙地、高山草地或陡坡石缝中，少见于海拔1300米以下和3500米以上的区域。

扭连钱属 *Marmoritis*

164. 扭连钱

Marmoritis complanatum

多年生草本。根茎木质，茎四棱形，被白色长柔毛和细小的腺点。叶覆瓦状排列；叶片宽卵状圆形，边缘具圆齿及缘毛，被白色长柔毛。聚伞花序通常3花，具梗，苞叶与茎叶同形；花萼管状，略呈二唇形；花冠淡红色，外面被疏微柔毛，上唇2裂，下唇3裂；子房4裂。小坚果长圆形。

生于海拔4130～5000米高山上强度风化的乱石滩石隙间。

青兰属 *Dracocephalum*

165. 白花枝子花

Dracocephalum heterophyllum

多年生草本。茎高10～15厘米，密被倒向短柔毛。叶片阔至狭卵形，上面疏被短柔毛或近无毛，基部心形，边缘具浅圆齿或锯齿，具短缘毛，上部茎叶齿端具刺。轮伞花序具花4～8，顶生，节间缩短；苞片倒卵状匙形，两边各具3～9个刺状细锯齿；花萼绿色疏被短柔毛，二唇形；花冠白色，密被白色或淡黄色短柔毛。

生于海拔2800～5000米的山地草原及半荒漠的多石干燥地区。

青兰属 *Dracocephalum*

166. 甘青青兰

Dracocephalum tanguticum

多年生草本，有芳香气。茎直立，高达55厘米，分枝，钝四棱形，被倒向顶端短柔毛，基部近无毛。叶羽状全裂，椭圆状卵形至椭圆形，上面无毛，背面无毛或密被灰色短柔毛。轮状聚伞花序具花2～6；苞片似茎生叶，较小；花萼淡紫色，密被开展短柔毛，被金色腺体；花冠蓝紫色至深蓝色，被短柔毛，下唇长2倍于上唇。

生于海拔1900～4000米的干燥河谷的河岸、田野、草滩或松林边缘。

独一味属 *Lamiophlomis*

167. 独一味
Lamiophlomis rotata

多年生草本，高2.5～10厘米。根茎长。叶4（～6），交互对生；基生叶叶柄长达8厘米；叶片菱状圆形至菱形、扇形，上面具皱，密被白色柔毛，背面叶脉上疏被毛，边缘具圆齿，基部心形至阔楔形。花序长3.5～7厘米，花序轴密被短柔毛；苞片披针形，向上渐小；花萼脉被柔毛；花冠淡紫色，红紫色，被微柔毛，二唇形。

生于海拔2700～4500米的高原或高山上强度风化的碎石滩中或石质高山草甸、河滩地。

绵参属 *Eriophyton*

168. 绵参
Eriophyton wallichii

多年生草本。根肥厚，顶端分叉。茎直立，高10～20厘米，不分枝，坚硬，被绵毛。叶柄短或无，基部叶鳞片状，无色，无毛；上部叶菱形至圆形，密被绵毛，边缘具圆齿至顶部圆齿状锯齿。轮伞花序，小苞片刺状，密被绵毛；花无柄；花萼阔钟形，外面密被绵毛；花冠淡紫色至淡红色，筒稍内弯，外面密被绵毛。

生于海拔（2700）3400～4700米的高山强度风化坍积形成的乱石堆中。

鼠尾草属 *Salvia*

169. 黏毛鼠尾草
Salvia roborowskii

一年或二年生草本；茎直立，高30～90厘米，密被黏性粗毛。叶片戟形或戟状三角形，边缘具圆齿，两面被粗硬毛；轮伞花序具花4～6；花萼钟形，外被粗毛和腺短柔毛，其间混生浅黄褐色腺体；花冠黄色，长1～1.6厘米；花筒内具不完全柔毛环，稍有外露。小坚果倒卵圆形，暗褐色。

生于海拔2500～3700米的山坡草地、沟边荫处、山脚或山腰。

香薷属 *Elsholtzia*

170. 毛穗香薷
Elsholtzia eriostachya

一年生草本。茎高15～37厘米，紫红色，被微柔毛，基部分枝或不分枝。叶柄被细长柔毛；叶片长圆形至卵状长圆形，草质，基部宽楔形至圆形，边缘具细锯齿至锯齿状圆齿。穗状花序圆筒形，顶生，轮伞花序多花，花序轴密被短柔毛；苞片阔卵形；花萼钟形，密被淡黄色念珠状长柔毛；花冠黄色，外面被微柔毛。

生于海拔3500～4100米的山坡草地。

马先蒿属 *Pedicularis*

179. 拟鼻花马先蒿

Pedicularis rhinanthoides

多年生草本植物，高4～30（40）厘米。茎无分枝，光亮，有光泽。基部叶通常有密集的褶皱，叶柄2～5厘米；叶片线形，9～12对，齿状。花序短，苞片状叶状；花萼长卵形，常有紫点，裂片5或不等；花冠紫色。

生于海拔3500～5000米的潮湿的高山草甸、溪流沿岸的沼泽地。

马先蒿属 *Pedicularis*

180. 甘肃马先蒿

Pedicularis kansuensis

一年或两年生草本，干时不变黑，体多毛，高可达40厘米以上。茎中空，多少方形，有4条成行之毛。叶基出者常长久宿存，有密毛；茎叶柄较短，4枚轮生；叶片长圆形，锐头，长达3厘米，宽14毫米。花序长者达25厘米或更多；苞片下部者叶状，余者亚掌状3裂而有锯齿；萼下有短梗，膨大而为亚球形，前方不裂，膜质，主脉明显，有5齿，齿不等，三角形而有锯齿；花冠长约15毫米，其管在基部以上向前膝曲，其长为萼的两倍，下唇长于盔，盔长约6毫米，多少镰状弓曲，常有具波状齿的鸡冠状凸起；花丝1对有毛。蒴果斜卵形。

生于海拔1825～4000米的草坡和石砾处。

马先蒿属 *Pedicularis*

181. 管状长花马先蒿
Pedicularis longiflora var. *tubiformis*

一年生草本，高10～18厘米。茎短，毛逐步脱落。基生叶莲座状，叶柄疏被长柔毛；叶片披针形至狭长圆形，互生，两面无毛，羽状半裂至深裂，裂片具重齿。花腋生；花萼筒状，前方开裂至2/5，裂片2，羽裂；花冠黄色，下唇近喉处有2个紫色斑点，管被短柔毛，喙半环状卷曲，顶端2裂。

生于海拔2700～5300米的高山草甸及溪流。

马先蒿属 *Pedicularis*

182. 欧氏马先蒿
Pedicularis oederi

多年生草本，高5～10厘米，干时变黑。茎常花葶状，被绵毛。叶大部基生，叶柄被短柔毛；叶片线状披针形至线形，背面沿脉有短柔毛，上面无毛，羽状全缘，裂片10～20对。花序长5厘米，苞片被绵毛；花萼裂片5，近相等；花冠黄色、盔紫色，有时下唇被紫色斑点。蒴果长卵形至卵状披针形。

多生于海拔2600～4000米的高山沼泽草甸和阴湿的林下。

马先蒿属 *Pedicularis*

183. 南方普氏马先蒿

Pedicularis przewalskii subsp. *australis*

多年生草本，高6～12厘米，干时变黑或否。根多数，丛生，纺锤形。茎1～3枚。叶大部基生，叶柄无毛；叶片披针状线形，密被短柔毛，羽状半裂，裂片9～30对。花序离心式开花，3～20花；花萼前方开裂至2/5，裂片5或不等；花冠全部紫红色，管长3～3.5厘米，被长柔毛，盔粗壮，喙直伸，深2裂。

生于海拔4300～4900米的高山草地中。

马先蒿属 *Pedicularis*

184. 罗氏马先蒿

Pedicularis roylei

多年生草本，高7～15厘米，被短柔毛，干时变黑。根肉质。茎1至数条，直立或外部的茎呈上升，具成列白毛。叶3或4枚轮生，羽状深裂，裂片披针形至长圆形，裂片7～12对。花序总状，基部常间断，苞片叶状；花萼钟形，密被白色长柔毛，前方稍开裂，裂片5，具锯齿或羽裂；花冠紫红色，花管基部膝曲，盔略呈镰状。

生于海拔3700～4500米的高山湿草甸中。

马先蒿属 *Pedicularis*

185. 毛盔马先蒿
Pedicularis trichoglossa

多年生草本，高13～60厘米。茎具2列毛，具条纹。叶抱茎，无柄，线状披针形，羽状半裂至羽状深裂，裂片20～25对，仅中脉被短柔毛，边缘有重齿。花序总状，轴密被短柔毛，花梗被短柔毛；花萼密被黑紫色长柔毛，5裂。花冠黑紫色，管基部弯曲，盔顶端密被紫红色长毛；喙细弱，内弯，无毛。

生于海拔3600～5000米的高山草地与疏林中。

紫葳科 Bignoniaceae

角蒿属 *Incarvillea*

186. 密生波罗花
Incarvillea compacta

多年生草本，高20～30厘米。根肉质，圆锥形。一回羽状复叶，丛生，侧生小叶2～6对，卵形，顶端渐尖，顶生小叶卵圆形，全缘。花序紧密总状；花萼绿色或紫红色，具深紫色斑点，钟形；花冠红色或紫红色，管里面具紫色条纹，外面有紫色和黑色斑点，裂片圆形具腺体。蒴果狭披针形，具4棱。

生于海拔2600～4100米的空旷石砾山坡及草灌丛中。

角蒿属 *Incarvillea*

187. **藏波罗花**

Incarvillea younghusbandii

无茎草本，高10～20厘米。根肉质。叶基生，一回羽状复叶，叶轴长3～4厘米，侧生小叶2～5对，无柄，卵状椭圆形，粗糙，边缘具锯齿，顶生小叶卵圆形至圆形。花序短总状，3～6花或单生；花萼钟形，无毛，齿5，不等长，光滑；花冠漏斗形，红色，花筒橘黄色，花药丁字着生。蒴果近木质，强烈弯曲，具4棱。

生于海拔（3600）4000～5000（5840）米的高山沙质草甸及山坡砾石垫状灌丛中。

茜草科 Rubiaceae

拉拉藤属 *Galium*

188. **猪殃殃**

Galium spurium

蔓生或攀缘状草本，通常高30～90厘米。茎有4棱角，多分枝，棱上、叶缘、叶中脉上均有倒生的小刺毛。叶纸质或近膜质，6～8片轮生，带状或长圆状倒披针形，长1～5.5厘米，宽1～7毫米，1脉。聚伞花序腋生或顶生，花小，4基数，有纤细的花梗；花萼被钩毛；花冠黄绿色或白色，辐状，裂片长圆形；花柱2裂至中部，柱头头状。果干燥，有1或2个近球状的分果爿，密被钩毛。

生于海拔4600米开阔的田野、河边、农田、山坡。

车前科 Plantaginaceae

车前属 *Plantago*

189. 车前

Plantago asiatica

二年生或多年生草本。须根多数。叶基生呈莲座状；叶片宽卵形至宽椭圆形，长4～12厘米，两面疏生短柔毛；脉5～7条；叶柄基部扩大成鞘。花序3～10个；花序梗有纵条纹；穗状花序细圆柱状；苞片龙骨突宽厚；花冠白色。蒴果上方周裂。

生于海拔3800米以下的山坡、沟壑、河岸、田野、路边、荒地、草坪。

车前属 *Plantago*

190. 平车前

Plantago depressa

一年生或越冬二年生草本。主根多少肉质；叶基生，疏被白色短柔毛；叶片椭圆形、倒卵状披针形，纸质，脉5或7，边缘有波状圆齿、牙齿或锯齿。花序穗状，狭圆筒状，花密集，基部间断；萼片无毛；花冠白色，无毛，裂片椭圆形至卵形。蒴果卵状椭圆形至圆锥状卵形，盖裂；种子4～5，黄褐色至黑色。

生于草地、河岸、潮湿的山坡、田野、路边。

桔梗科 Campanulaceae

蓝钟花属 *Cyananthus*

191. 灰毛蓝钟花

Cyananthus incanus

多年生草本。茎基粗壮，分枝，具宿存指向尖端的鳞片。茎丛生，单一或下部分枝，被白色长柔毛。叶互生，具短柄；叶片椭圆形、倒披针形，两面被白色长硬毛，边缘反卷，近全缘。单花生茎和枝顶。花梗被长硬毛；花萼被黄褐色硬毛，稀无毛；花冠深蓝色或蓝紫色，喉部密被长柔毛。蒴果超出花萼，5室。

生于海拔3500～4800米的林中或山坡草地上。

风铃草属 *Campanula*

192. 钻裂风铃草

Campanula aristata

多年生草本。根萝卜状。茎丛生，直立，高10～50厘米。基生叶具长柄，无毛；叶片卵形或阔椭圆形；中下部叶披针形、椭圆形，中上部叶线形，全缘或具细牙齿。萼筒狭长圆形，萼裂片丝状，花冠蓝色或蓝紫色。蒴果棍棒形，基部渐狭；种子黄褐色，椭圆形，稍扁。

生于海拔3500～5000米的草丛及灌丛中。

忍冬科 Caprifoliaceae

忍冬属 *Lonicera*

193. 理塘忍冬
Lonicera litangensis

落叶多枝矮灌木，高达1～2米，全体无毛。叶纸质，椭圆形、宽椭圆形至倒卵形，长6～12毫米。花与叶同时开放，双花常 1～2对生于短枝的叶腋；苞片大，叶状；相邻萼筒全部连合而呈近球形；花冠黄色，筒状，筒基部一侧具浅囊。果实红色，后变灰蓝色，圆形。

生于海拔3000～4500米的山坡灌丛、草地、林下或林缘。

忍冬属 *Lonicera*

194. 毛花忍冬
Lonicera trichosantha

落叶灌木，高达3～5米。叶纸质，下面绿白色，通常矩圆形、卵状矩圆形，长2～6（～7）厘米。苞片等长于萼筒；小苞片基部多少连合；相邻两萼筒分离；花冠黄色，筒部常有浅囊，外面密被短糙伏毛和腺毛，内面喉部密生柔毛。果实圆形，橙红色。

生于海拔2700～4100米的林下、林缘、河边或田边的灌丛中。

忍冬属 *Lonicera*

195. 刚毛忍冬
Lonicera hispida

落叶灌木，高达2米。幼枝常紫红色，被刚毛和腺毛。叶厚纸质，形状多变，椭圆形、卵形、长圆形，两面被刚伏毛和短糙毛。苞片宽卵形，被刚毛。相邻两萼筒分离，被刚毛和腺毛；花冠白色或淡黄色，漏斗状，外面有短糙毛，基部具囊。果实先黄色后红色，卵圆形至长圆筒形。

生于海拔1700～4200米的山坡林中、林缘灌丛中或高山草地上，在川藏一带可达海拔4800米的区域。

忍冬属 *Lonicera*

196. 岩生忍冬
Lonicera rupicola

落叶灌木，直立或平卧，高达2.5米。枝的髓充实。幼枝被白色绵毛。3叶轮生或对生，叶片线状披针形至长圆形，背面有白色绵状毛，上面无毛，边缘反卷，顶端钝具短尖头。花序腋生；苞片叶状，长于子房；小苞片杯状；子房分离，球形；花冠白色或粉色至紫红色，筒状漏斗形。浆果红色，椭圆形。

生于海拔2100～4950米的高山灌丛草甸、流石滩边缘、林缘河滩草地或山坡灌丛中。

川续断科 Dipsacaceae

刺续断属 *Acanthocalyx*

197. 白花刺续断

Acanthocalyx alba

植株较纤细，高10～40厘米。叶宽5～9毫米。花萼全绿色，长5～8毫米；花冠白色，裂片长3毫米。

生于海拔3000～4000米的山坡草甸或林下。

刺续断属 *Acanthocalyx*

198. 刺续断

Acanthocalyx nepalensis

能育茎1～3，高10～50厘米，上部疏被短柔毛。莲座叶披针形或线状披针形，两面无毛，边缘具刚毛或刺；茎叶2～4对，椭圆形至线状披针形。花序头状，总苞卵形，具刺；花萼筒状，下部绿色，上部紫色或全部紫色，裂口大，边缘有长柔毛和刺；花冠粉色或紫色，左右对称，筒被长柔毛，裂片5；子房。瘦果无毛。

生于海拔3200～4000米的山坡草地。

翼首花属 *Pterocephalus*

199. 匙叶翼首花
Pterocephalus hookeri

多年生草本，高10～50厘米，全株被白色长柔毛。主根粗壮，圆柱形，木质化。叶全基生，莲座状，倒披针形，基部渐狭成翅状叶柄，全缘，具粗锯齿或羽裂。花葶高10～40厘米，被白色长柔毛；头状花序单生，直立或稍下垂，球形；总苞2～3层，花萼全裂成20条羽状毛；花冠淡黄白色至淡紫色，筒状漏斗形。瘦果倒卵形，淡棕色，具8条纵棱，具棕褐色宿存萼刺20条，被白色羽毛状毛。

多生于海拔3200～5000米的高山沙砾地及干旱草原。

败酱科 Valerianaceae

缬草属 *Valeriana*

200. 髯毛缬草
Valeriana barbulata

植株高5～25厘米。茎单生，直立，不分枝。近叶5～8对，下面的常不分裂，叶片阔卵形至椭圆形，有疏锯齿；上部叶具柄，3裂，顶生裂片卵圆形，背面有短柔毛。花序在花期头状，苞片和小苞片线状披针形。花冠玫瑰色、淡红紫色或粉色；裂片无毛或喉部有长柔毛。瘦果有毛或无毛。

生于海拔3600～4200米的高山草坡、石砾堆上和潮湿草甸。

菊科 Asteraceae

风毛菊属 *Saussurea*

201. 膜鞘风毛菊
Saussurea pilinophylla

多年生草本，高（2）7～23厘米，丛生。根被淡棕色叶柄残骸。茎直立。莲座丛和下部茎叶具短叶柄；叶片狭卵形、椭圆形到线形，被长柔毛。头状花序单生；总苞倒圆锥形到钟状；花冠紫红色。瘦果圆柱形。

生于海拔4000～5300米的高山碎石坡上。

风毛菊属 *Saussurea*

202. 半琴叶风毛菊
Saussurea semilyrata

多年生草本，高24～50厘米。根被叶柄残迹。茎直立，单生，有条纹。基生叶有柄，叶片长圆形，羽状深裂或几全裂，裂片边缘有锯齿。头状花序单生茎端；总苞钟状，总苞片5～6层，被长柔毛；小花紫色。瘦果圆柱状，冠毛2层。

生于海拔3200～3900米的山坡林缘、林下、灌丛及草地。

风毛菊属 *Saussurea*

203. 西藏风毛菊
Saussurea tibetica

多年生直立草本，高10～16厘米。茎被长柔毛，有棱。叶线形，长3～8厘米，两面被灰白色长柔毛，边缘内卷。头状花序2个，生茎枝顶端；总苞倒圆锥状，总苞片4层，紫色，外面被长柔毛；小花紫色。瘦果倒卵状长圆形，冠毛2层。

生于海拔4500米以上的高山石砾地。

风毛菊属 *Saussurea*

204. 椭圆风毛菊
Saussurea hookeri

多年生草本，高4～30厘米。根状茎单一或有分枝，颈部被黑褐色干膜质残叶鞘。茎常单生，直立，不分枝。莲座叶和下部茎叶狭线性，长4～18厘米，宽1～6毫米，上面深绿色无毛，下面浅绿色，密被白色茸毛，边缘反卷；最上部茎生叶三角状卵形，卵形，长1.3～2厘米，宽0.4～1.1厘米，两面黑紫色。头状花序单生；总苞钟形，长2～3厘米；总苞片4或5层，黑色；花紫色。瘦果圆柱形，冠毛污白色。

生于海拔4500～5600米的高山草甸潮湿处、公路边砾石上。

风毛菊属 *Saussurea*

205. 吉隆风毛菊
Saussurea andryaloides

多年生草本，高2～6厘米，无茎或具短茎。茎基被残存叶柄。莲座叶具短叶柄或无，叶长于头状花序，叶片宽线形至狭卵状椭圆形，大头羽裂至倒向羽裂，或不分裂具波状齿，背面密被茸毛，上面密被蛛丝状短柔毛。头状花序单生于莲座叶丛中央或茎端；总苞钟形；总苞片3～6层，被茸毛；花冠淡紫红色，瘦果褐色，圆筒形，冠毛淡褐色。

生于海拔4600米的山坡荒地。

风毛菊属 *Saussurea*

206. 禾叶风毛菊
Saussurea graminea

多年生草本，高3～40厘米，丛生。茎基多分枝，被残存纤维状叶基。茎直立，单一，密被绢状短柔毛。基生叶无柄，狭线形，基部具鞘，边缘反卷，全缘，顶端渐尖；茎叶少，渐小。头状花序单生茎顶；总苞钟形，总苞片4或5层，外层疏被短柔毛，顶端弯曲；花冠紫色。瘦果圆筒状，无毛，冠毛黄褐色。

生于海拔3400～5350米的山坡草地、草甸、河滩草地、杜鹃灌丛。

风毛菊属 *Saussurea*

207. 重齿风毛菊
Saussurea katochaete

多年生草本，高3～10厘米，无茎或具短茎。莲座叶具柄；叶片椭圆形、倒卵形、卵形，背面白色，密被茸毛，上面绿色无毛，边缘具重锐锯齿状牙齿。头状花序1，生莲座叶丛中央；总苞阔钟形，总苞片4或5层，褐色至黑色，无毛，顶端急尖至渐尖；花托被毛；花冠紫色。瘦果深褐色，圆筒状，具4或5钝脊。

生于海拔2230～4700米的山坡草地、山谷沼泽地、河滩草甸、林缘。

风毛菊属 *Saussurea*

208. 狮牙草状风毛菊
Saussurea leontodontoides

多年生草本，无茎或具短茎，高3～15厘米。茎基被残存叶柄。莲座叶具柄，叶片线状长圆形至狭椭圆形，羽状全裂，背面灰白色，密被茸毛，上面绿色，被糙伏毛。头状花序单生于莲座叶丛中央或茎端；总苞钟形，总苞片4～6层，无毛；花托被毛；花冠淡紫红色。瘦果圆筒形，具横皱纹，无毛。冠毛淡褐色。

生于海拔3280～5450米的山坡砾石地、林间砾石地、草地、林缘、灌丛边缘。

风毛菊属 *Saussurea*

209. 水母雪兔子

Saussurea medusa

多年生多次结实草本，高6～20厘米。茎单一，不分枝，直立，藏于反曲叶中。莲座叶和下部茎叶具柄，叶片倒卵形、扇形、菱形或圆形，两面灰绿色，被白色或淡黄色蛛丝状绵毛，边缘具牙齿或羽裂；中上部叶羽裂或分裂。头状花序多数；总苞圆筒状，总苞片3或4层，顶端尾状；花冠淡蓝紫色。瘦果狭纺锤形。

多生于海拔3000～5600米的砾石山坡、高山流石滩上。

风毛菊属 *Saussurea*

210. 钝苞雪莲

Saussurea nigrescens

多年生草本，高8～50厘米。茎簇生或单生，直立。基生叶和下部叶有长或短柄；叶片狭椭圆形，长3～15厘米，宽0.8～2.3厘米，边缘有倒生细尖齿，两面被稀疏长柔毛或后变无毛；中部和上部茎叶渐小，基部半抱茎；最上部茎叶无柄，紫色，不包围总花序。头状花序有小花梗，1～6个在茎顶成伞房状排列；总苞狭钟状，总苞片4～5层，外面被白色长柔毛；花冠紫色。瘦果长圆形。冠毛污白色。

生于海拔2200～3000米的高山草地上。

风毛菊属 *Saussurea*

211. 横断山风毛菊
Saussurea superba

多年生草本，无茎或有茎，高3～25厘米。茎单一，直立，密被长柔毛。莲座叶无柄或具短柄，若有叶柄，则具翅；叶片椭圆形至狭倒卵状椭圆形，两面绿色，近无毛，全缘或具不明显细牙齿；茎叶无柄，小。头状花序单生茎顶或莲座叶丛中；总苞阔钟形，总苞片4或5层，近无毛；花冠淡蓝紫色。瘦果褐色，圆筒形；冠毛淡褐色。

生于海拔2800～5200米的高山草原、岩石斜坡上。

蓟属 *Cirsium*

212. 葵花大蓟
Cirsium souliei

多年生无茎草本。叶基生，莲座状，具柄，两面绿色，光滑，被多细胞长毛。叶片狭椭圆形、椭圆状披针形或倒披针形，羽裂或羽状深裂。花序梗短，头状花序少至多数，簇生莲座叶中央；总苞钟形，无毛，总苞片3～5层；小花两性；花冠淡紫红色。瘦果黑色，冠毛污白色。

生于海拔1930～4800米的山坡路旁、林缘、荒地、河滩地、田间、水旁潮湿地。

蒲公英属 *Taraxacum*

213. **白花蒲公英**
Taraxacum albiflos

多年生矮小草本。根颈被残存叶基。叶线状披针形，近全缘至具浅裂，两面无毛。花葶1至数个，长2～6厘米；头状花序直径25～30毫米；总苞干后变淡墨绿色，先端具小角或增厚；舌状花通常白色，稀淡黄色。瘦果倒卵状长圆形。

生于海拔2500～6000米的山坡湿润草地、沟谷、河滩草地以及沼泽草甸处。

蒲公英属 *Taraxacum*

214. **大头蒲公英**
Taraxacum calanthodium

多年生草本。根颈部有残存叶基。叶宽披针形，长7～20厘米，羽状深裂，背面被长柔毛。花葶数个，高达25厘米，被柔毛；头状花序直径50～60毫米；总苞大，干后黑色；外层总苞片先端增厚或有小角；舌状花黄色。瘦果倒披针形。

生于海拔2500～4300米的高山草地。

合头菊属 *Syncalathium*

215. **合头菊**

Syncalathium kawaguchii

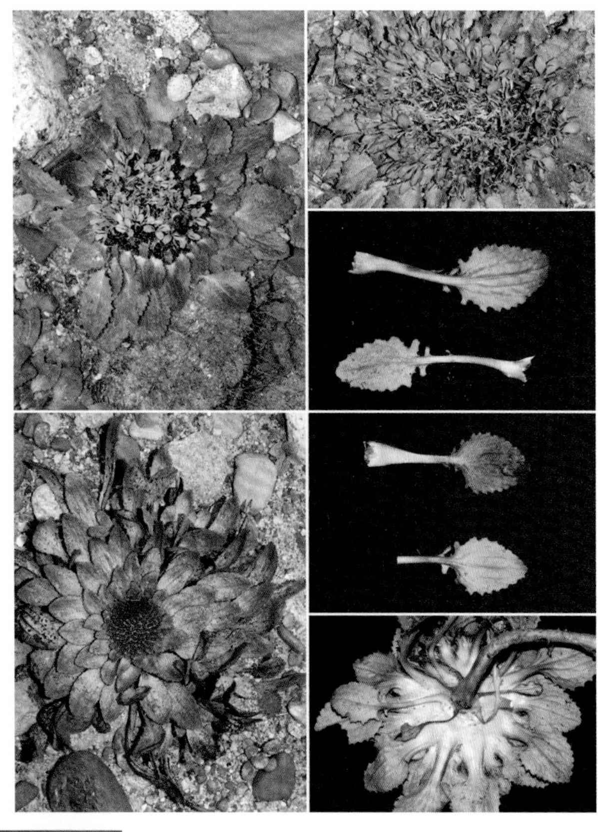

草本，高1～5厘米，莲座状，无茎或近无茎。主根细弱。莲座叶具叶柄；叶片常深紫色，卵形、倒披针形或椭圆形，不裂至大头羽裂，无毛至被白色长柔毛，边缘具粗齿。头状花序具3小花；总苞狭圆筒形，总苞片3或4枚，披针形，背面无毛或具白色长柔毛；小花紫色。瘦果褐色，倒圆锥形，扁。

生于海拔3800～5400米的山坡及河滩砾石地、流石滩。

绢毛菊属 *Soroseris*

216. **绢毛苣**

Soroseris glomerata

多年生莲座状草本。主根分枝或不分枝。莲座叶下具鳞片状叶，多数；地面叶密集，叶柄具翅，叶片匙形，阔椭圆形或倒卵形，无毛或被白色长柔毛，全缘或具细齿。头状花序多数，密集，具4或5小花；总苞狭圆筒形，总苞片被柔毛，线形；小花黄色、粉色，稀白色。瘦果褐色，狭倒圆锥形，冠毛麦秆色。

生于海拔3200～5600米的高山流石滩及高山草甸。

橐吾属 *Ligularia*

217. 箭叶橐吾

Ligularia liatroides

多年生草本。茎直立，高达100厘米，上部被白色蛛丝状柔毛，基部被枯叶柄纤维。丛生叶与茎下部叶具柄，具全缘的翅；茎中上部叶无柄，半抱茎。总状花序密集，长达40厘米；头状花序多数，辐射状；总苞陀螺形，总苞片7～8，被白色睫毛；舌状花5～6，黄色。瘦果圆柱形，具突起的肋。

生于海拔1270～4000米的水边、草坡、林缘、林下及灌丛。

垂头菊属 *Cremanthodium*

218. 褐毛垂头菊

Cremanthodium brunneopilosum

多年生草本，灰绿或蓝绿色。茎最上部被长柔毛；叶长椭圆形或披针形，长6～40厘米，上面光滑。头状花序2～13，通常呈总状花序；总苞半球形，密被褐色长柔毛；总苞片10～16，2层，披针形或长圆形；舌状花黄色，舌片线状披针形，膜质透明。

生于海拔3000～4300米的高山沼泽草甸、河岸。

垂头菊属 *Cremanthodium*

219. 车前状垂头菊

Cremanthodium ellisii

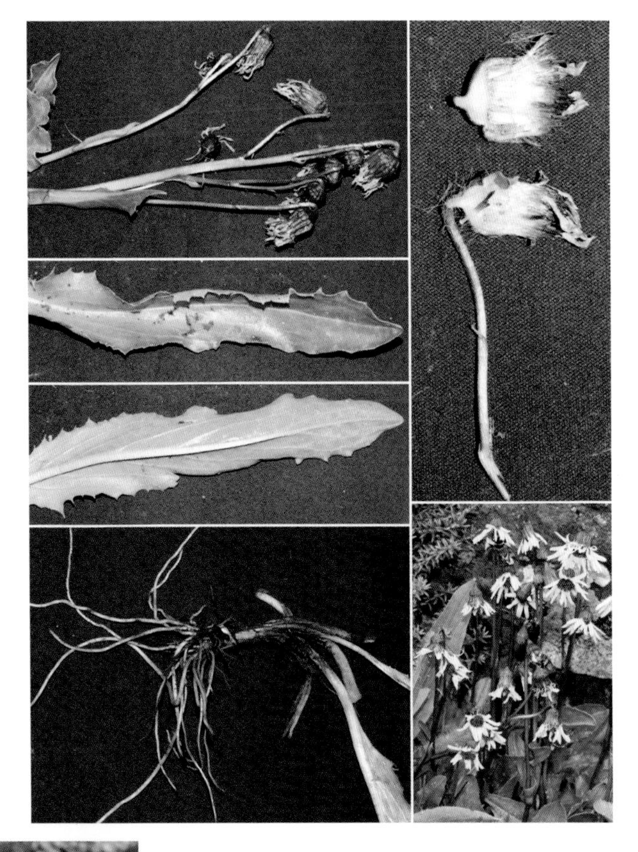

多年生草本。根肉质，茎直立，单生，高8～60厘米，上部被铁灰色长柔毛。丛生叶具宽柄，叶片卵形、宽椭圆形至长圆形，长1.5～19厘米。头状花序1～5，下垂，花序梗被铁灰色柔毛；总苞半球形，被密的铁灰色柔毛，总苞片8～14；舌状花黄色。瘦果长圆形。

生于海拔3400～5600米的高山流石滩、沼泽草地、河滩。

垂头菊属 *Cremanthodium*

220. 毛叶垂头菊

Cremanthodium puberulum

多年生草本，全株被白色短柔毛。茎单生，被白色短柔毛，有条棱。下部叶具柄，叶片长圆形，长3.5～9厘米，边缘具浅齿，两面被短柔毛。头状花序单生，下垂；总苞半球形，黑色，被白色柔毛，总苞片12～16，2层，披针形；舌状花黄色。瘦果圆柱形。

生于海拔4400～5044米的山坡、高山草地、高山流石摊。

千里光属 *Senecio*

221. 天山千里光
Senecio thianschanicus

低矮草本，具根茎。茎单一或数枚丛生，上升或直立，高5～20厘米，单一或基部分枝，被蛛丝状毛。基部和下部的叶花期存在，具柄，叶片上面绿色，倒卵形或匙形，背面有蛛丝状毛或近无毛，边缘具浅齿或羽裂。头状花序具舌状花，2～10呈伞房状，总苞钟形；舌状花黄色。瘦果圆筒形，无毛；冠毛白色。

生于海拔2450～5000米的草坡、开旷湿处或溪边。

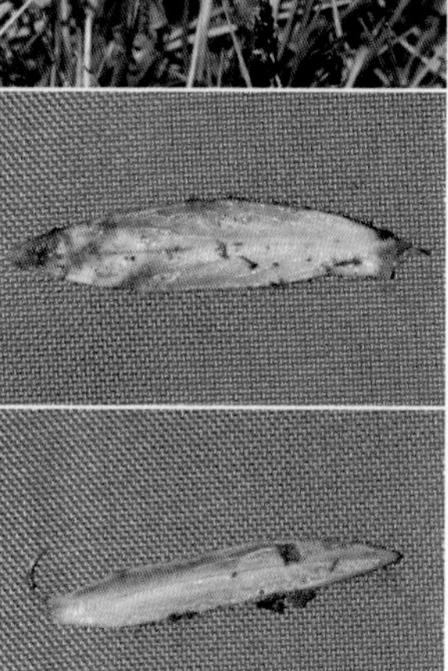

紫菀属 *Aster*

222. 星舌紫菀
Aster asteroides

多年生草本，高2～15厘米，根茎短，具块根。茎直立，花葶状，淡紫色或绿色，基部密被长柔毛和腺柔毛。茎生叶迅速减少，叶被长柔毛，卵形至长圆形。头状花序单一，顶生；总苞半球形，总苞片2或3层，不等长，密被淡紫色具柄腺毛；舌状花35～60，淡蓝紫色，管状花裂片被黑色腺毛。瘦果狭倒卵形，具短糙伏毛。

生于海拔3200～3500米的高山灌丛、湿润草地或冰碛物上。

紫菀属 *Aster*

223. 萎软紫菀
Aster flaccidus

多年生草本，高3～15厘米，常花葶状，疏被腺毛。叶基生及茎生，匙形至长圆形或倒披针形，全缘或具疏细锯齿。头状花序，单一，顶生；总苞直径1.5～2厘米，外层总苞片基部密被绵毛或长柔毛，内部疏被有柄腺体；舌状花蓝色或淡紫色。瘦果倒卵形，扁，疏被短糙伏毛。

生于海拔1800～5100米潮湿的高山草原、高山和亚高山牧场、草甸、灌丛、卵石地、休耕地、森林。

飞蓬属 *Erigeron*

224. 多舌飞蓬
Erigeron multiradiatus

多年生草本，根状茎木质。茎高20～60厘米，具条纹，被短硬毛。基部叶密集，莲座状、长圆状倒披针形，被疏短硬毛和腺毛。头状花序直径3～4厘米；总苞半球形，总苞片3层，背面被长节毛和腺毛；雌花舌状，3层，紫色。瘦果长圆形，扁压，背面具1肋，被短毛。

生于海拔2500～4600米的亚高山和高山草地、山坡和林缘。

亚菊属 *Ajania*

225. 铺散亚菊
Ajania khartensis

多年生草本，高10～20厘米。具细弱纤维状根。花茎和不育茎多数，铺散，被长柔毛或短柔毛。茎中部叶柄长5毫米，叶片圆形、扇形或宽楔形，两面灰白色，密被短柔毛，二或三至五回掌状全裂。顶生聚伞花序，头状花序少，花3～5；总苞钟形，总苞片4层，被短柔毛；小花黄色。

生于海拔2500～5300米的山坡。

亚菊属 *Ajania*

226. 紫花亚菊
Ajania purpurea

亚灌木，高4～25厘米。具木质根茎。老枝淡褐色，幼枝密被茸毛。叶具柄，叶片椭圆形或斜椭圆形，两面灰白色，密被厚茸毛，掌状3～5裂或羽状3～5裂。顶生伞形花序，头状花序5～10；总苞钟形，总苞片4层，背面有茸毛；小花紫色，无冠毛。

生于海拔4800～5300米的高山砾石堆和高山草甸及灌丛中。

蒿属 *Artemisia*

227. 纤杆蒿
Artemisia demissa

一年或二年生草本，高5～20厘米。多分枝，下部分枝平卧，被淡黄色短柔毛或无毛。下部茎叶叶柄长 0.5～1厘米，叶片长圆形或卵形，二回羽状深裂，裂片2～3对；中上部茎叶羽状全裂。狭穗状圆锥花序；总苞卵形，直径1.5～2毫米，总苞片被微柔毛，有时无毛。瘦果倒卵形。

生于海拔2600～4800米的山谷、山坡、路旁、草坡及沙质或砾质草地上。

蒿属 *Artemisia*

228. 臭蒿
Artemisia hedinii

一年生草本，高15～60厘米，紫色，疏被腺柔毛，有臭味。基部叶和下部茎叶叶柄长4～5厘米。基生叶多数，叶片莲座状，椭圆形，二回羽状全裂，裂片超过20对；中下部茎叶椭圆形，二回羽裂，裂片5～10对。头状花序狭圆锥花序状，球形或半球；管状花花冠裂片紫色。瘦果长圆状倒卵形。

生于海拔2000～4800（5000）米的湖边草地、河滩、砾质坡地、田边、路旁、林缘。

蒿属 *Artemisia*

229. 小球花蒿
Artemisia moorcroftiana

半灌木，高50～70厘米。根茎横走匍匐，木质。茎丛生，具分枝，被灰色蛛丝状毛或淡黄色短柔毛。中下部叶叶柄长 1～3厘米，叶片长圆形、卵形，背面密被灰色或淡黄色茸毛，上面疏被茸毛，二或三回羽状或全裂；上部茎叶羽状深裂。总状圆锥花序，间断；头状花序无柄；总苞球形或半球形，淡紫色，被短柔毛。

生于海拔300～4800米的山坡、台地、干河谷、砾质坡地、亚高山或高山草原和草甸等地区。

菊蒿属 *Tanacetum*

230. 川西小黄菊
Tanacetum tatsienense

多年生草本，高7～25厘米。茎有弯曲的长单毛。基生叶椭圆形，长1.5～7厘米，二回羽状分裂。头状花序单生茎顶；总苞片约4层，外层线状披针形，有稀疏的长单毛，边缘黑褐色或褐色膜质；舌状花橘黄色或微带橘红色；舌片线形，顶端3齿裂。瘦果具5～8条纵肋。

生于海拔3500～5200米的高山草甸、灌丛或杜鹃灌丛或山坡砾石地。

火绒草属 *Leontopodium*

231. 弱小火绒草
Leontopodium pusillum

多年生草本，近垫状。根茎细弱，多分枝，有多数基生的具莲座叶丛的不育茎和花茎。茎高2～7厘米，叶多，密被白色茸毛。叶匙形至长圆状匙形，茎叶基部狭，顶端钝。头状花序3～7，密集，苞叶多数，构成星状苞叶群，密集；总苞3～4毫米，被白色绵毛，总苞片3层。瘦果无毛，冠毛白色。

生于海拔3500～5000米高山雪线附近的草滩地、盐湖岸和石砾地。常大片生长，是草滩上的主要植物。

香青属 *Anaphalis*

232. 淡黄香青
Anaphalis flavescens

根状茎稍细长，木质；匍枝细长，有莲座状叶丛。茎细，被绵毛。基部叶在花期枯萎，叶长圆状披针形或披针形，边缘平，具狭翅，具褐色枯焦状长尖头；全部叶被绵毛。总苞宽钟状，总苞片4～5层，外层椭圆形、黄褐色，基部被密绵毛。花托有缝状短毛。瘦果长圆形，被密乳头状突起。

生于海拔2800～4700米的高山、亚高山坡地、坪地、草地及林下。

香青属 *Anaphalis*

233. 木根香青
Anaphalis xylorhiza

多年生草本。根茎粗壮，灌木状，多分枝，上部被鳞状枯叶，具顶生莲座叶丛和花茎，密集成垫状。茎直立或上升，高3～7厘米，细弱，草质，单一，被灰白色蛛丝状茸毛，叶多。莲座叶和下部叶匙形、长圆形或线状长圆形，基部渐狭成具翅的长柄，边缘平；上部茎叶小，倒披针形或线状长圆形，基部下延成翅，两面被灰褐色茸毛。头状花序5～10，复伞房花序；总苞阔钟形，总苞片5层，开展，白色或淡红色。瘦果倒卵状长圆形。

生于海拔3800～4000米的高山草地、草原和苔藓中。

禾本科 Poaceae

针茅属 *Stipa*

234. 丝颖针茅
Stipa capillacea

多年丛生草本。茎高15～50厘米，2～3节。基部叶鞘无毛，叶片针形，长达20厘米，光滑或微粗糙；叶舌长0.6毫米，截形，具短缘毛。圆锥花序紧缩，长14～18厘米，分枝直立至上升，小穗的芒扭转在一起，成鞭状。小穗绿色；颖狭披针形，先端成丝状，基盘尖锐；外稃被短柔毛，芒关节处被一圈毛，二回膝曲。

常生于海拔2900～5000米的高山灌丛、草甸、丘陵顶部、山前平原或河谷阶地上。

细柄茅属 *Ptilagrostis*

235. 太白细柄茅
Ptilagrostis concinna

多年生密丛草本。茎高10～30厘米，2节。叶片线形，背面光滑；叶舌钝，长0.5～2毫米。圆锥花序紧密，长2～5厘米，下部被披针形的膜质苞片包裹，分枝常孪生。小穗深紫色或淡紫红色，顶端白色干膜质；颖椭圆形，第一颖1脉，第二颖3脉；外稃中下部被柔毛，上部粗糙，顶端具2齿；芒长1～1.5厘米，被羽状毛。

生于海拔3700～5100米的高山草甸、山谷潮湿草地、山顶草地、山地阴坡、灌木林下、河滩草丛及沼泽地。

细柄茅属 *Ptilagrostis*

236. 双叉细柄茅
Ptilagrostis dichotoma

多年生密丛草本，高5～15厘米，1～2节。叶片纵卷，线形，背面光滑或粗糙；叶舌三角形或披针形，长1～3毫米。圆锥花序疏松，分枝常孪生，基部分枝处具膜质苞片。小穗淡黄色或基部带紫色；颖椭圆形，顶端钝，3脉；外稃中下部被柔毛，上部粗糙；芒长1～2厘米，芒柱扭转，被羽状毛。

生于海拔3000～4800米的高山草甸、山坡草地、高山针叶林下和灌丛中。

早熟禾属 *Poa*

237. 波伐早熟禾

Poa albertii subsp. *poophagorum*

多年生，密丛。秆矮小，高15～18厘米。叶舌长2～3.5毫米；叶片扁平，对折或内卷，长达6厘米。圆锥花序狭窄，长2～5厘米；小穗含小花2～4；两颖近相等，均具3脉，带紫色；外稃具5脉，全部无毛；花药长1.5～2毫米。

生于海拔3600～4500米的沼泽草甸、山坡沙砾草地。

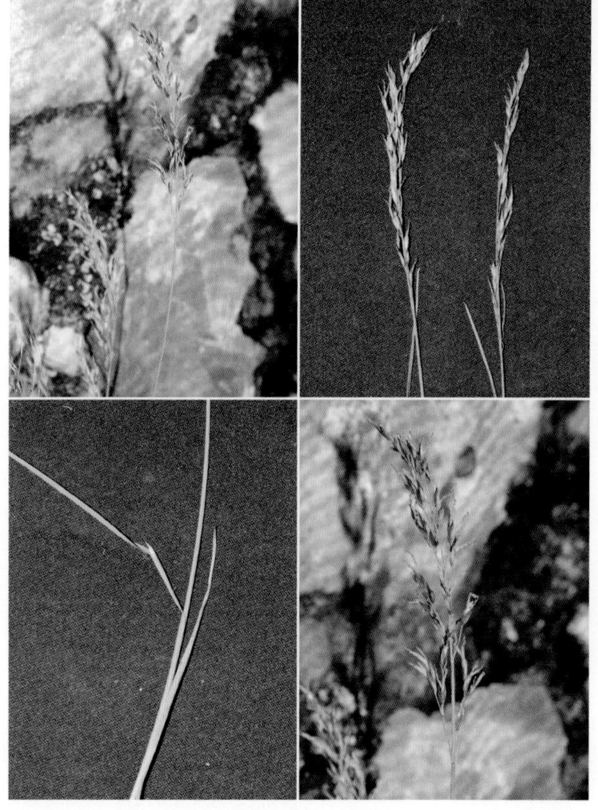

早熟禾属 *Poa*

238. 胎生鳞茎早熟禾

Poa bulbosa subsp. *vivipara*

植株密丛生，基部有小鳞茎。秆高15～30厘米。叶片长2～10厘米，对折或扁平；叶舌长3毫米。圆锥花序紧缩，长2～6厘米；小穗胎生，具小花2～6，带紫色；两颖近相等，宽卵形；外稃胎生，变为鳞茎状繁殖体，成熟后随风吹落。

生于海拔700～4300米的河畔沙滩、果园荒地、荒漠草原放牧地上。

早熟禾属 *Poa*

239. 早熟禾属

Poa sp.

多年生草本，疏丛生。叶片常纵卷。圆锥花序直立，分枝直立或斜展；小穗柄常紫色，小穗具小花3～5；颖片常紫色；外稃常紫色，上部具白色膜质边缘。

生于海拔2000～3000米的山坡草地。

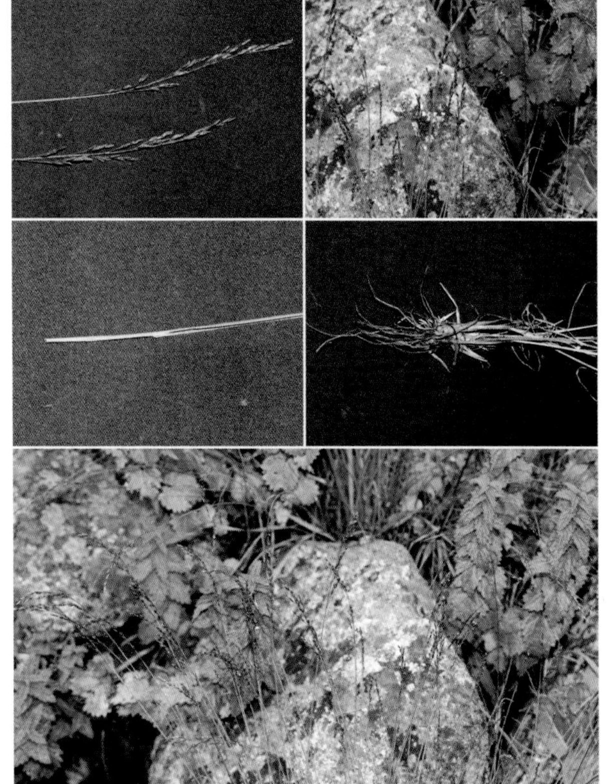

早熟禾属 *Poa*

240. 中亚早熟禾

Poa litwinowiana

多年生密丛或疏丛草本，高7～15厘米，粗糙，具1或2节。鞘外分枝，稀鞘内分枝。叶鞘粗糙；叶片扁平对折或内卷，粗糙；叶舌长1～2.5毫米。圆锥花序长圆形，每节具2～5分枝，无胎生小穗；小穗披针形，具小花2或3；颖不等长；外稃狭披针形，脊和边脉明显被短柔毛，脉间无毛，基盘无毛。

生于海拔4100～4700米的山坡草地、砾石地、草甸。

早熟禾属 *Poa*

241. 多鞘早熟禾
Poa polycolea

多年生草本，高15～40厘米。具横走匍匐茎。叶舌长1.5～3毫米；叶片扁平或内卷狭窄成刚毛状，边缘或下面粗糙。圆锥花序长5～10厘米。小穗含小花2～4，带紫色。颖不等长，第一颖狭披针形，具1脉；第二颖椭圆形，具3脉。外稃长圆状椭圆形，脊与边脉下部具柔毛，基盘具稀少或无绵毛；内稃两脊粗糙。花药长2～2.5毫米。

生于海拔3000～5000米的高山草甸或山坡疏林下。

沿沟草属 *Catabrosa*

242. 沿沟草
Catabrosa aquatica

多年生草本。秆直立，高20～70厘米，具匍匐茎，于节处生根。叶舌透明膜质，长2～5毫米；叶片扁平，长5～20厘米，两面光滑无毛。圆锥花序开展，长10～30厘米；小穗含（1～）2（～3）小花，颖半透明膜质，近圆形至卵形；外稃具隆起3脉，光滑无毛；内稃具2脊。颖果纺锤形。

生于海拔800～4700米的河旁、池沼及溪边。

三毛草属 *Trisetum*

243. 大花穗三毛
Trisetum spicatum subsp. *alaskanum*

植株高达60厘米。茎被短柔毛。圆锥花序线状椭圆形，长5～11厘米，绿色或褐色；小穗具2或3小花；外稃长5～7毫米；芒长5～7毫米，稍向外弯曲，不扭转。

生于海拔3800～5600米的高山砾石坡和林下及高山草甸。

剪股颖属 *Agrostis*

244. 川西剪股颖
Agrostis hugoniana var. *aristata*

花序稍开展或开展；外稃具膝曲之芒，芒长3.5～4毫米，位于外稃中部；小穗较小，长2.8～3.1毫米。

生于海拔3500～4000米的山坡和谷地。

野青茅属 *Deyeuxia*

245. 微药野青茅
Deyeuxia nivicola

多年丛生草本。根茎细弱。茎直立或上升，高达20厘米，光滑，具1～2节。叶鞘光滑；叶片扁平或内卷，上面粗糙；叶舌长1～3毫米。圆锥花序紧缩呈穗状，线形至狭长圆形；小穗长4～7毫米，紫色或绿色；颖狭披针形，不等长，1脉，基盘的柔毛等于外稃的1/5～1/4；外稃草质，背面中部以上粗糙，具4齿；芒近基生，长5～7毫米。

生于海拔3500～4300米的高山草甸。

雀麦属 *Bromus*

246. 华雀麦
Bromus sinensis

多年生疏丛草本，高50～70厘米，无毛或被倒向毛，具3或4节。叶鞘被短柔毛；叶耳存在；叶片扁平，多少被短柔毛；叶舌长1～3毫米。圆锥花序开展，长12～24厘米，垂头，每节具2～4分枝，粗糙；小穗长15毫米，具5～8小花，全部被毛；颖被短毛，第一颖1脉，第二颖3脉；外稃披针形，5脉，背部有短柔毛；芒长8～15毫米。

生于海拔3500～4240米的阳坡草地或裸露石隙边。

披碱草属 *Elymus*

247. 低株披碱草
Elymus jacquemontii

多年生草本。秆细弱，高12～20厘米。叶片内卷，无毛。穗状花序长4～7厘米，小穗长12～18毫米，含5～7小花；颖、外稃连同基盘均光滑无毛；颖披针形，边缘膜质，具3脉，先端具芒尖1～2（3）毫米；外稃披针形，具5脉，第一外稃长7～9毫米，先端具细弱、反曲的长芒；芒长30～50（60）毫米；内稃与外稃等长，钝头，脊上具纤毛。

生于海拔3900米的冲积扇石坡。

披碱草属 *Elymus*

248. 垂穗披碱草
Elymus nutans

多年生草本。茎直立或基部膝曲，高50～70厘米。叶鞘基部被微柔毛；叶片扁平，背面粗糙或光滑，上面被柔毛。穗状花序下垂，紧密，长5～12厘米。每节具2小穗，无柄或近无柄，绿色或淡紫色，长9～15毫米，具花2～4。颖长圆形，两枚，近等长，3或4脉，脉粗糙，顶端具短芒；外稃狭披针形，被微柔毛，第一外稃芒长12～20毫米。

生于海拔2800～4570米的草原或山坡道旁和林缘。

水麦冬科 Juncaginaceae

水麦冬属 *Triglochin*

249. 海韭菜

Triglochin maritima

多年生沼生草本，被枯叶鞘。叶长7～30厘米。花葶直立，粗糙，总状花序具紧密的花。花具短梗，梗长1毫米，花被片绿色，圆形至卵形，长1.5毫米。心皮6，能育。果上升，不紧贴花葶，长圆状卵形，长3～5毫米，基部圆。

生于海拔3050～5150米的湿沙地或海边盐滩上。

眼子菜科 Potamogetonaceae

篦齿眼子菜属 *Stuckenia*

250. 篦齿眼子菜

Stuckenia pectinata

多年生沉水草本。根茎圆柱形。茎分枝，圆柱形，丝状。托叶部分与叶基部合生成鞘状，绿色，抱茎，长1～6.5厘米；叶无柄，橄榄绿至深绿，丝状至线形，3～5脉。穗状花序圆筒形，长1～6厘米，具3～7轮对生的花；花序梗伸长，细弱。心皮4，果倒卵形，长3.4～4.2毫米，背面脊不明显，顶端具短喙。

生于海拔3300米以上的清水河沟等流水中。

莎草科 Cyperaceae

扁穗草属 *Blysmus*

251. 华扁穗草
Blysmus sinocompressus

多年生草本。根茎黄色，有光泽，具黑色鳞片。茎高5～20厘米，散生，厚1～1.2毫米，扁三棱形，基部被叶鞘。茎叶短于茎，叶片扁平，宽1.5～2.5毫米，内卷。总苞叶状，小苞片鳞片状，膜质；花序具3～10枚小穗，排成2列；小穗狭卵形，具花2～9；鳞片锈褐色；花被具刚毛3～6根，长于小坚果；雄蕊3；柱头2。小坚果长圆形。

生于海拔1000～4000米的山溪边、河床、沼泽地、草地等潮湿地区。

针蔺属 *Trichophorum*

252. 矮针蔺
Trichophorum pumilum

散生，具细长匍匐根状茎。秆高5～15厘米，有纵槽。叶呈半圆柱状，具槽，长7～16毫米；叶鞘棕色。小穗单生于秆的顶端，倒卵形或椭圆形，长约4.5毫米；鳞片膜质，卵形或椭圆形，背面具1条绿色脉；柱头3。小坚果三棱形。

生于海拔1260米的水沟边草地和湿润处。

嵩草属 *Kobresia*

253. 赤箭嵩草
Kobresia schoenoides

秆密丛生，坚挺，高15～60厘米，钝三棱形。叶边缘内卷呈线形。圆锥花序紧缩呈穗状；苞片鳞片状，顶端钝；小穗8～10个，支小穗顶生的雄性，侧生的雄雌顺序；鳞片长圆形，有1～3条脉；先出叶长圆形，腹面边缘分离几至基部。小坚果扁三棱形，柱头3个。

生于海拔2500～3500米的山坡草地。

嵩草属 *Kobresia*

254. 藏北嵩草
Kobresia littledalei

根茎短。茎密丛生，直立，坚硬，近圆柱形，高10～25厘米。叶基生，叶片丝状，硬直，宽1毫米，边缘内卷。花序穗状，单性，所有小穗具1花；雄小穗线形，长1.7～3厘米，鳞片褐色，披针形，下部总苞鳞片状；雌花鳞片卵形至披针形，先出叶褐色，膀胱状，长圆形，膜质，具2脊。小坚果长圆形，无柄，柱头3。

生于海拔4200～5400米的高山草甸或沼泽草甸。

嵩草属 *Kobresia*

255. **大花嵩草**
Kobresia macrantha

多年生草本，具匍匐茎。茎散生，直立，三棱形，高3～17厘米。叶基生，短于茎，叶片扁平，宽1～3毫米，背面中脉明显。花序圆锥状，圆筒形至卵形，长1～2厘米，花序分枝雌雄同花或单性。下部总苞叶状或鳞片状，顶端具长芒。小穗单性，鳞片卵形，先出叶卵状披针形，具2脊。小坚果椭圆形，扁，无喙。

生于海拔3600～4700米的高山草甸、湖边及沟边草地。

嵩草属 *Kobresia*

256. **高山嵩草**
Kobresia pygmaea

矮小丛生草本，常构成垫状。茎硬直，钝三棱形，高1～10厘米。叶基生，与茎等长，叶片直立，丝状，宽0.3～0.5毫米。花序紧密穗状，卵形。所有小穗单性，顶生小穗雄性，下部者雌性。雄小穗鳞片褐色，膜质。雌小穗鳞片褐色，卵形；先出叶褐色，椭圆形，具1或2脊。小坚果褐色，有光泽，倒卵形，柱头3。

生于海拔3200～5400米的高山灌丛草甸和高山草甸。

嵩草属 *Kobresia*

257. 喜马拉雅嵩草
Kobresia royleana

多年生草本。基部叶鞘明显，褐色。茎密丛生，硬直，锐三角形或下部近圆柱形，高5～35厘米，直径1.5～2.5毫米。叶基生，短于茎，叶片扁平，宽2～4毫米，背面中脉明显。紧密或稍疏散圆锥花序，褐色，长1～3.5厘米。下部总苞鳞片状。小穗两性，基部具1雌花，上部具2～3雄花。柱头3，小坚果三角形。

生于海拔3700～5300米的高山草甸、高山灌丛草甸、沼泽草甸、河漫滩等。

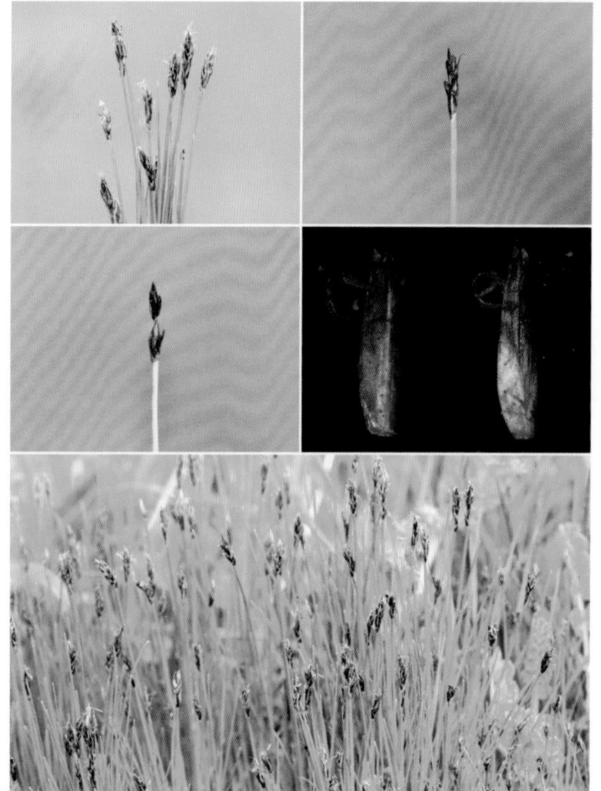

嵩草属 *Kobresia*

258. 四川嵩草
Kobresia setschwanensis

秆密丛生，高5～40厘米，钝三棱形。叶短于秆，对折呈线形。花序穗状，圆柱形，苞片鳞片状，顶端具长芒；支小穗多数，顶生的数个雄性，其余的均为雄雌顺序。鳞片长圆形，具3条脉。先出叶长圆形，腹面边缘分离至3/4处，背面具2脊。小坚果扁三棱形，柱头3。

生于海拔3750米灌丛草甸带的河滩上。

薹草属 *Carex*

259. 小薹草

Carex parva

秆疏丛生，高10～35厘米，基部具鞘。秆的下部具1叶，秆生叶甚短于秆。小穗1个，顶生，长圆形，雄雌顺序。雄花鳞片长圆状披针形，具3条脉；雌花鳞片长圆状披针形。果囊最初近直立，成熟后向下反折，具多条细脉。小坚果短圆柱形、三棱形，柱头3。

生于海拔2300～4400米的林缘、山坡、沼泽及河滩湿地。

薹草属 *Carex*

260. 黑褐穗薹草

Carex atrofusca subsp. *minor*

多年生草本，高10～70厘米。茎三棱形，光滑。叶短于茎；叶片淡绿色，宽3～5毫米，扁平，顶端渐尖。下部总苞叶状，绿色，短于小穗，具鞘；小穗2～5枚，上部1～2枚雄性，长圆形或卵形，长7～15毫米；雌花鳞片深紫红色，卵状披针形，中脉亮。果囊上部深紫色，长圆形，扁，具短喙；喙口具2齿。小坚果长圆形，柱头3。

生于海拔2200～4600米的高山灌丛草甸及流石滩下部和杂木林下。

薹草属 *Carex*

261. 青藏薹草

Carex moorcroftii

茎高7～20厘米，三棱形。叶短于茎，叶片线形，宽2～4毫米，扁平，革质，边缘粗糙。总苞刚毛状，短于花序，无鞘。小穗4或5，邻近，多花；顶生小穗雄性，长圆形；侧生小穗雌性，卵形，无柄。雌花鳞片紫色，卵状披针形，边缘宽白色线；果囊黄绿色，椭圆状倒卵形，革质，孔口具2 齿。小坚果倒卵形，柱头3。

生于海拔3400～5700米的高山灌丛草甸、高山草甸、湖边草地或低洼处。

灯心草科 Juncaceae

灯心草属 *Juncus*

262. 锡金灯心草

Juncus sikkimensis

多年生草本，高10～26厘米。根状茎横走。茎圆柱形，有纵条纹。叶全部基生，2～3枚；叶片近圆柱形，长7～14厘米；叶鞘叶耳。花序假侧生；头状花序有花2～5；苞片2～4枚，黑褐色；花被片披针形，黑褐色；柱头3分叉。蒴果三棱状卵形，顶端有喙，具3个隔膜。

生于海拔4000～4600米的山坡草丛、林下、沼泽湿地。

灯心草属 *Juncus*

263. 栗花灯心草
Juncus castaneus

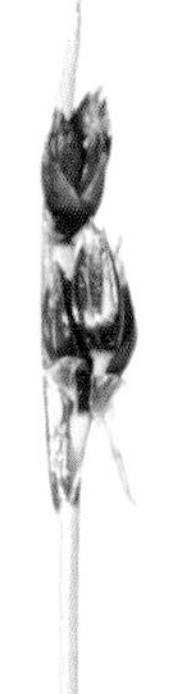

多年生草本，高15～40厘米。茎直立，圆柱形，具纵沟纹。叶基生和茎生；基生叶2～4枚，叶鞘边缘膜质，无叶耳。花序由2～8个头状花序排成顶生聚伞状；叶状总苞片1～2枚；头状花序含4～10朵花，花被片披针形。蒴果三棱状长圆形，具3个隔膜；种子锯屑状，两端各有附属物。

生于海拔2100～3100米的山地湿草甸、沼泽地。

灯心草属 *Juncus*

264. 展苞灯心草
Juncus thomsonii

从生草本。茎纤细，高7～20厘米，叶全部基生，叶片狭线形，长1～7厘米，具叶耳。头状花序顶生；苞片开展，卵状披针形，褐色；花被片6，长圆状披针形；雄蕊6；花丝褐色；花药长为花丝之半；花柱短，柱头长而弯曲。蒴果三棱状卵形，长于花被，种子两端具附属物。

生于海拔2800～4300米的高山草甸、池边、沼泽地及林下潮湿处。

百合科 Liliaceae

贝母属 *Fritillaria*

265. 川贝母
Fritillaria cirrhosa

植株长15～50厘米。鳞茎由2枚鳞片组成；叶通常对生，条形至条状披针形，长4～12厘米。花通常单朵，极少2～3朵，紫色至黄绿色，通常有小方格；每花有3枚叶状苞片，花被片长3～4厘米，外三片宽1～1.4厘米，花药近基着。蒴果长宽各约1.6厘米，棱上只有宽1～1.5毫米的狭翅。

生于海拔1800～3200米的林中、灌丛下、草地或河滩、山谷等湿地或岩缝中。

贝母属 *Fritillaria*

266. 梭砂贝母
Fritillaria delavayi

鳞茎具2或3枚鳞片，近球形或卵形。茎高15～35厘米。叶3～5枚，紧密着生于茎中上部，互生或近对生；叶片卵形或卵状椭圆形，长2～7厘米，顶端钝或圆。花序具1花；花钟形，花梗长；花被片淡黄色，具红褐色斑点，狭椭圆形或长圆状椭圆形；花柱3裂，裂片长0.5～4毫米。蒴果具狭翅，被或不被宿存花被包裹。

生于海拔3800～4700米的沙石地或流沙岩石的缝隙中。

葱属 *Allium*

267. 镰叶韭

Allium carolinianum

鳞茎粗壮，外皮褐色至黄褐色，顶端破裂，常呈纤维状。叶宽条形，扁平，光滑，常呈镰状弯曲。花葶粗壮，下部被叶鞘；总苞常带紫色，2裂，宿存；伞形花序球状，花紫红色、淡紫色、淡红色至白色；花丝锥形，基部合生并与花被片贴生；子房近球状，腹缝线基部具凹陷的蜜穴。

生于海拔2500～5000米的砾石山坡、向阳的林下和草地。

葱属 *Allium*

268. 天蓝韭

Allium cyaneum

鳞茎簇生，圆筒形，外皮深褐色，成不明显的网状。叶短于或长于花葶，半圆柱形。花葶高10～30厘米，圆柱形，苞片1或2，脱落；伞形花序半球形；花梗长1～2倍于花被，无小苞片；花被蓝色，裂片卵形至长圆状卵形；花丝长1.3～2倍于花被片，基部合生，内轮的基部扩大，有时每边具1齿；子房近球形，基部具蜜穴。

生于海拔2100～5000米的山坡、草地、林下或林缘。

葱属 *Allium*

269. 太白韭
Allium prattii

鳞茎单一或簇生，近圆筒形，外皮灰褐色，网状。叶2，近对生，稀3，线形或线状披针形，宽0.5～4厘米，基部渐狭成柄。花葶高10～60厘米，圆柱形。伞形花序半球形；花梗长于花被，无小苞片；花被紫红色，卵形、长圆形；花丝长于花被片，基部合生；子房基部收缩成短柄，每室具1粒种子。

生于海拔2000～4900米的阴湿山坡、沟边、灌丛或林下。

葱属 *Allium*

270. 野黄韭
Allium rude

具短的直生根状茎。鳞茎单生，圆柱状；鳞茎外皮灰褐色至淡棕色，片状破裂。叶条形，扁平，实心。花葶圆柱状，中空，下部被叶鞘；总苞2～3裂，宿存；伞形花序球状，小花梗近等长，花淡黄色至绿黄色；花丝基部合生并与花被片贴生；子房卵状至卵球状，具蜜穴；花柱伸出花被外。

生于海拔3000～4600米的草甸或潮湿山坡。

黄精属 *Polygonatum*

271. 轮叶黄精

Polygonatum verticillatum

根状茎节间长2～3厘米，一头粗，一头较细。叶通常为3叶轮生，矩圆状披针形，先端尖至渐尖。花单朵或2（3～4）朵成花序，花梗俯垂；花被淡黄色或淡紫色。浆果红色，具6～12粒种子。

生于海拔2100～4000米的林下或山坡草地上。

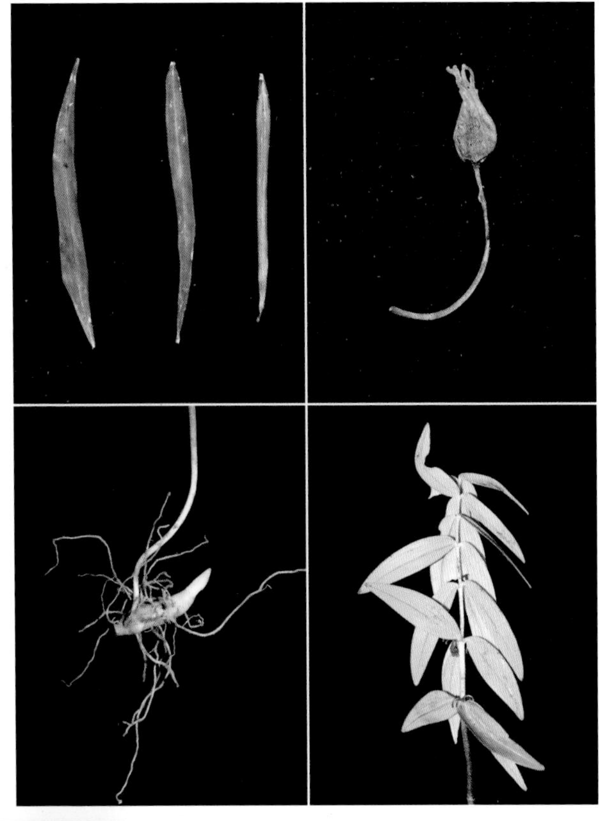

黄精属 *Polygonatum*

272. 独花黄精

Polygonatum hookeri

根状茎圆柱形，植株矮小，高不到10厘米。叶几枚至10余枚，下部的叶为互生，上部的叶为对生或3叶轮生，条形、矩圆形或矩圆状披针形。通常全株仅生1花，位于最下的一个叶腋内；花被紫色，全长15～20（25）毫米；裂片长6～10毫米；子房长2～3毫米。浆果红色，具5～7粒种子。

生于海拔3200～4300米的林下、山坡草地或冲积扇上。

鸢尾科 Iridaceae

鸢尾属 *Iris*

273. 锐果鸢尾
Iris goniocarpa

根茎直立，短。根细弱。叶黄绿色，线形，长10～25厘米，中脉不明显，顶端急尖。花茎高10～25厘米，无叶或具1～2叶，苞片2，绿色，披针形，1花。花紫色，直径2.5～3厘米，花梗短或缺；花被管长1.5～2厘米；外花被片具深紫色斑点，倒卵形，具顶端黄色，基部白色的附属物；雄蕊长1.5厘米，花药黄色。蒴果椭圆形。

生于海拔3000～4000米的高山草地、向阳山坡的草丛中以及林缘、疏林下。

鸢尾属 *Iris*

274. 蓝花卷鞘鸢尾
Iris potaninii var. *ionantha*

根茎直立，粗壮。根厚。叶线形，花期长4～16厘米，果期长20厘米，基部被紧密的纤维状枯叶。花茎不伸出地面，苞片2，膜质，狭披针形，1花。花蓝紫色，直径3.5～5厘米；花被管长1.5～3.7厘米；外花被片被明显的黄色须毛状附属物，倒卵形；内花被片倒披针形；雄蕊长1.5厘米；花药紫色。蒴果阔椭圆形，具短喙。

生于海拔3000米以上的石质山坡或干山坡。

附录　西藏麦地卡湿地国家级自然保护区维管束植物名录

1．麦地卡湿地国家级自然保护区有维管束植物46科133属288种，其中，蕨类植物4科4属5种，裸子植物2科2属2种，被子植物40科127属281种。

2．本附录在历史标本的基础上，根据2020年8月和2021年7月在麦地卡湿地自然保护区采集的植物标本和照片系统鉴定。

3．本附录按科、属、种的顺序进行排列。蕨类植物按秦仁昌（1978）的系统排列；被子植物按哈钦松系统（1964）排列。科的概念按类别分别参照上述两个系统，属、种概念参照《中国植物志》（*Flora of China*）。科内按植物属名的拉丁字母顺序、属内按种加词的拉丁字母顺序进行排列。

4．每个物种信息包括中文名、学名、命名人、生活型、地点、采集人、采集号、经纬度及海拔。

蕨类植物门 PTERIDOPHYTA

凤尾蕨科 Pteridaceae

稀叶珠蕨 *Cryptogramma stelleri* (S. G. Gmelin) Prantl

草本；生于阿扎镇县城5千米山顶石砾地，董洪进、王毅、段涵宁、朱永HJDXZ-1459，30.6520951N、93.1514279E、4888米。

冷蕨科 Cystopteridaceae

皱孢冷蕨 *Cystopteris dickieana* R. Sim

草本；生于林堤乡麦地卡湿地山坡石砾，董洪进、王毅、段涵宁、朱永HJDXZ-1398，30.9564185N、92.6547376E、4771米

鳞毛蕨科 Dryopteridaceae

拉钦耳蕨 *Polystichum lachenense* (Hooker) Beddome

草本；生于阿扎镇山坡草地，董洪进、余姣君、杨涵、涂俊超HJDXZ-107，30.6612036N、93.1505062E、4535米

中华耳蕨 *Polystichum sinense* (Christ) Christ

草本；青藏队-陶德定10459

水龙骨科 Polypodiaceae

掌状扇蕨 *Lepisorus waltonii* (Ching) S. L. Yu

草本；生于林堤乡麦地卡湿地山坡石砾，董洪进、王毅、段涵宁、朱永HJDXZ-1397，30.9563309N、92.6545400E、4770米

裸子植物门 GYMNOSPERMAE

柏科 Cupressaceae

大果圆柏 *Juniperus tibetica* Komarov

灌木；县城附近草地；照片凭证

麻黄科 Ephedraceae

山岭麻黄 *Ephedra gerardiana* Wallich ex C. A. Meyer

草本；生于麦地卡湿地山坡草地，董洪进、余姣君、杨涵、涂俊超HJDXZ-72，31.1066611N、92.8410645E、4899米；青藏队-陶德定10487

被子植物门 ANGIOSPERMAE

毛茛科 Ranunculaceae

伏毛铁棒锤 *Aconitum flavum* Handel-Mazzetti

草本；生于麦地卡分叉口路边草地，董洪进、王毅、段涵宁、朱永HJDXZ-1361，30.9502198N、92.6097697E、4704米；PPBC-杜巍

条叶银莲花 *Anemone coelestina* var. *linearis* (Diels) Ziman & B. E. Dutton

草本；生于麦地卡湿地山坡草地，董洪进、余姣君、杨涵、涂俊超HJDXZ-38，30.6633363N、93.1196610E、4566米；青藏队-陶德定10470

展毛银莲花 *Anemone demissa* J. D. Hooker & Thomson

草本；生于阿扎镇崖壁，董洪进、余姣君、杨涵、涂俊超HJDXZ-7，30.6638029N、93.1194308E、4538米；PPBC-杜巍

疏齿银莲花 *Anemone geum* subsp. *ovalifolia* (Bruhl) R. P. Chaudhary

草本；PPBC-杜巍；青藏队-陶德定10413

叠裂银莲花 *Anemone imbricata* Maximowicz

草本；生于措拉乡麦地卡湿地错乃村山坡草地，董洪进、王毅、段涵宁、朱永HJD XZ-1386，31.1222806N、92.8512354E、4925米；生于林堤乡隆巴村路边草地，董洪进、王毅、段涵宁、朱永HJDXZ-1425，31.0023425N、92.6386077E、4753米；PPBC-杜巍

钝裂银莲花 *Anemone obtusiloba* D. Don

草本；青藏队-陶德定10463

水毛茛 *Batrachium bungei* (Steudel) L. Liou

草本；生于麦地卡湿地水中，董洪进、余姣君、杨涵、涂俊超HJDXZ-59，31.1172707N、92.8158955E、4868米；PPBC-杜巍

美花草 *Callianthemum pimpinelloides* (D. Don) J. D. Hooker & Thomson

草本；青藏队-陶德定10420

花莛驴蹄草 *Caltha scaposa* J. D. Hooker & Thomson

草本；生于麦地卡湿地沼泽草地，董洪进、余姣君、杨涵、涂俊超HJDXZ-48，31.0842550N、92.8603687E、4818米；青藏队-陶德定10493

蓝翠雀花 *Delphinium caeruleum* Jacquemont

草本；生于林堤乡麦地卡湿地山坡石砾，董洪进、王毅、段涵宁、朱永HJDXZ-1404，30.9565669N、92.6549930E、4798米

单花翠雀花 *Delphinium candelabrum* var. *monanthum* (Handel-Mazzetti) W. T. Wang

草本；生于麦地卡乡错董村山坡草地，董洪进、王毅、段涵宁、朱永HJDXZ-1411，30.9556892N、92.6539993E、4735米；PPBC-杜巍

毛翠雀花 *Delphinium trichophorum* Franchet

草本；生于措拉乡麦地卡湿地错乃村山坡草地，董洪进、王毅、段涵宁、朱永HJDXZ-1385，31.1222806N、92.8512354E、4925米

三裂碱毛茛 *Halerpestes tricuspis* (Maximowicz) Handel-Mazzetti

草本；生于麦地卡湿地沼泽草地，董洪进、余姣君、杨涵、涂俊超HJDXZ-49，31.0842120N、92.8603386E、4828米；PPBC-杜巍

拟耧斗菜 *Paraquilegia microphylla* (Royle) J. R. Drummond & Hutchinson

草本；青藏队-陶德定10430

甘藏毛茛 *Ranunculus glabricaulis* (Handel-Mazzetti) L. Liou

草本；PPBC-杜巍

砾地毛茛 *Ranunculus glareosus* Handel-Mazzetti

草本；生于麦地卡湿地，寺庙山坡草地，董洪进、余姣君、杨涵、涂俊超HJDXZ-120，30.6426270N、93.2272308E、5120米

云生毛茛 *Ranunculus nephelogenes* Edgeworth

草本；PPBC-杜巍；青藏队-陶德定10486

深齿毛茛 *Ranunculus popovii* var. *stracheyanus* (Maximowicz) W. T. Wang

草本；生于麦地卡湿地山坡草地，董洪进、余姣君、杨涵、涂俊超HJDXZ-86，31.1820400N、93.0138914E、5005米

高原毛茛 *Ranunculus tanguticus* (Maximowicz) Ovczinnikov

草本；生于阿扎镇草地，董洪进、余姣君、杨涵、涂俊超HJDXZ-3，30.6426524N、93.2112527E、4463米

芸香叶唐松草 *Thalictrum rutifolium* J. D. Hooker & Thomson

草本；青藏队-陶德定10453

石砾唐松草 *Thalictrum squamiferum* Lecoyer

草本；生于麦地卡湿地路边草地，董洪进、余姣君、杨涵、涂俊超HJDXZ-62，31.1071719N、92.8378140E、4924米

矮金莲花 *Trollius farreri* Stapf

草本；PPBC-杜巍

毛茛状金莲花 *Trollius ranunculoides* Hemsley

草本；生于阿扎镇草地，董洪进、余姣君、杨涵、涂俊超HJDXZ-5，30.6426145N、93.2113028E、4469米；青藏队-陶德定10412

罂粟科 Papaveraceae

金球黄堇 *Corydalis chrysosphaera* C. Marquand & Airy Shaw

草本；PPBC-刘翔

斑花黄堇 *Corydalis conspersa* Maximowicz

草本；PPBC-杜巍

皱波黄堇 *Corydalis crispa* Prain

草本；生于忠玉乡路边草坡，董洪进、王毅、段涵宁、朱永HJDXZ-1450，30.5827772N、93.6248966E、3973米

高冠尼泊尔黄堇 *Corydalis hendersonii* var. *altocristata* C. Y. Wu & Z. Y. Su

草本；青藏队-陶德定10490

尖突黄堇 *Corydalis mucronifera* Maximowicz

草本；生于麦地卡分叉口路边草地，董洪进、王毅、段涵宁、朱永HJDXZ-1369，30.9503814N、92.6102193E、4703米；PPBC-杜巍

浪穹紫堇 *Corydalis pachycentra* Franchet

草本；生于麦地卡湿地山坡草地，董洪进、余姣君、杨涵、涂俊超HJDXZ-47，30.6638410N、93.1195209E、4532米

粗糙黄堇 *Corydalis scaberula* Maximowicz

草本；生于麦地卡湿地崖壁，董洪进、余姣君、杨涵、涂俊超HJDXZ-18，30.6634786N、93.1200112E、4543米；生于措拉乡麦地卡湿地山坡草地，董洪进、余姣君、杨涵、涂俊超HJDXZ-102，31.1817748N、93.0126463E、5048米；生于阿扎镇县城5千米山顶石砾地，董洪进、王毅、段涵宁、朱永HJDXZ-1467，30.6523427N、93.1524094E、4889米；PPBC-杜巍

细果角茴香 *Hypecoum leptocarpum* J. D. Hooker & Thomson

草本；生于麦地卡湿地山坡草地，董洪进、余姣君、杨涵、涂俊超HJDXZ-79，31.1821614N、93.0140707E、5001米；PPBC-杜巍

多刺绿绒蒿 *Meconopsis horridula* J. D. Hooker & Thomson

草本；生于麦地卡湿地山坡草地，董洪进、余姣君、杨涵、涂俊超HJDXZ-76，31.0927825N、92.9387123E

横断山绿绒蒿 *Meconopsis pseudointegrifolia* Prain

草本；生于麦地卡湿地路边草地，董洪进、余姣君、杨涵、涂俊超HJDXZ-65，31.1067804N、92.8407190E、4900米

十字花科 Brassicaceae

尖果寒原荠 *Aphragmus oxycarpus* (J. D. Hooker & Thomson) Jafri

草本；青藏队-陶德定10472

荠 *Capsella bursa-pastoris* (Linnaeus) Medikus

草本；县城附近草地；照片凭证

细巧碎米荠 *Cardamine pulchella* (J. D. Hooker & Thomson) Al-Shehbaz & G. Yang

草本；青藏队-陶德定10439

播娘蒿 *Descurainia sophia* (Linnaeus) Webb ex Prantl

草本；生于阿扎镇山坡草地，董洪进、余姣君、杨涵、涂俊超HJDXZ-119，30.6618025N、93.1528599E、4507米；生于麦地卡分叉口路边草地，董洪进、王毅、段涵宁、朱永HJDXZ-1362，30.9501547N、92.6099145E、4700米；青藏队-陶德定10406

羽裂花旗杆 *Dontostemon pinnatifidus* (Willdenow) Al-Shehbaz & H. Ohba

草本；生于麦地卡湿地山坡草地，董洪进、余姣君、杨涵、涂俊超HJDXZ-80，31.1821425N、93.0140647E、4994米；生于麦地卡湿地山坡草地，董洪进、余姣君、杨涵、涂俊超HJDXZ-83，31.1816901N、93.0135726E、5022米

西藏花旗杆 *Dontostemon tibeticus* (Maximowicz) Al-Shehbaz

草本；PPBC-杜巍

抱茎葶苈 *Draba amplexicaulis* Franchet

草本；生于阿扎镇山坡草地，董洪进、余姣君、杨涵、涂俊超HJDXZ-121，30.6426350N、93.2272958E、4455米

毛葶苈 *Draba eriopoda* Turcz

草本；生于阿扎镇山坡草地，董洪进、余姣君、杨涵、涂俊超HJDXZ-110，30.6617217N、93.1524092E、4516米

球果葶苈 *Draba glomerata* Royle

草本；麦地卡湿地；照片凭证

矮葶苈 *Draba handelii* O. E. Schulz

草本；麦地卡湿地；照片凭证

毛叶葶苈 *Draba lasiophylla* Royle

草本；生于麦地卡湿地沼泽草地，董洪进、余姣君、杨涵、涂俊超HJDXZ-56，31.0842738N、92.8608793E、4834米；生于林堤乡麦地卡湿地山坡石砾，董洪进、王毅、段涵宁、朱永HJDXZ-1396，30.9558171N、92.6551526E、4747米；青藏队-陶德定10434

喜山葶苈 *Draba oreades* Schrenk

草本；生于阿扎镇崖壁，董洪进、余姣君、杨涵、涂俊超HJDXZ-9，30.6638130N、93.1195409E、4530米

绵毛葶苈 *Draba winterbottomii* (Hook. f. et Thoms.) Pohle

草本；生于阿扎镇县城5千米山顶石砾地，董洪进、王毅、段涵宁、朱永HJDXZ-1461，30.6519831N、93.1514379E、4907米

密序山萮菜 *Eutrema heterophyllum* (W. W. Smith) H. Hara

草本；青藏队-陶德定10428

头花独行菜 *Lepidium capitatum* J. D. Hooker & Thomson

草本；生于阿扎镇山坡草地，董洪进、余姣君、杨涵、涂俊超HJDXZ-117，30.6618712N、93.1527297E、4520米；生于阿扎镇山坡草地，董洪进、余姣君、杨涵、涂俊超HJDXZ-108，30.6615958N、93.1512674E、4530米；PPBC-杜巍

裸茎条果芥 *Parrya nudicaulis* (Linnaeus) Regel

草本；青藏队-陶德定10441

单花荠 *Pegaeophyton scapiflorum* (J. D. Hooker et Thomson) C. Marquand et Airy Shaw

草本；生于阿扎镇县城5千米山顶石砾地，董洪进、王毅、段涵宁、朱永HJDXZ-1457，30.6526939N、93.1514679E、4846米

藏芹叶荠 *Smelowskia tibetica* (Thomson) Lipsky

草本；生于麦地卡湿地沼泽草地，董洪进、余姣君、杨涵、涂俊超HJDXZ-55，31.0842867N、92.8608092E、4817米；生于麦地卡湿地山坡草地，董洪进、余姣君、杨涵、涂俊超HJDXZ-78，31.1821474N、93.0141005E、5003米；PPBC-杜巍

线叶丛菔 *Solms-laubachia linearifolia* (W. W. Smith) O. E. Schulz

草本；麦地卡湿地；照片凭证

总状丛菔 *Solms-laubachia platycarpa* (J. D. Hooker & Thomson) Botschantzev

草本；生于麦地卡湿地山坡草地，董洪进、余姣君、杨涵、涂俊超HJDXZ-70，31.1065728N、92.8408492E、4908米

泉沟子荠 *Taphrospermum fontanum* (Maximowicz) Al-Shehbaz & G. Yang

草本；生于麦地卡湿地山坡草地，董洪进、余姣君、杨涵、涂俊超HJDXZ-81，31.1821425N、93.0140408E、4994米；生于林堤乡麦地卡湿地山坡石砾，董洪进、王毅、段涵宁、朱永HJDXZ-1400，30.9540233N、92.6517156E、4769米

轮叶沟子荠 *Taphrospermum verticillatum* (Jeffrey & W. W. Smith) Al-Shehbaz

草本；PPBC-杜巍

堇菜科 Violaceae

双花堇菜 *Viola biflora* Linnaeus

草本；生于阿扎镇山坡草地，董洪进、余姣君、杨涵、涂俊超HJDXZ-74，30.6426520N、93.2272858E、4471米；PPBC-杜巍；青藏队-陶德定10407

鳞茎堇菜 *Viola bulbosa* Maximowicz

草本；青藏队-陶德定10424

景天科 Crassulaceae

大花红景天 *Rhodiola crenulata* (J. D. Hooker & Thomson) H. Ohba

草本；生于麦地卡湿地山坡草地，董洪进、余姣君、杨涵、涂俊超HJDXZ-99，31.1819557N、93.0126811E、5016米；生于林堤乡隆巴村山坡草地，董洪进、王毅、段涵宁、朱永HJDXZ-1436，31.0023425N、92.6386077E、4939米；青藏队-陶德定10435

高山红景天 *Rhodiola cretinii* subsp. *sinoalpina* (Froderstrom) H. Ohba

草本；生于措拉乡麦地卡湿地山坡草地，董洪进、余姣君、杨涵、涂俊超HJDXZ-96，31.1820825N、93.0130546E、5005米；生于林堤乡麦地卡湿地山坡石砾，董洪进、王毅、段涵宁、朱永HJDXZ-1408，30.9569354N、92.6546138E、4819米

长鞭红景天 *Rhodiola fastigiata* (J. D. Hooker & Thomson) S. H. Fu

半灌木；生于阿扎镇崖壁，董洪进、余姣君、杨涵、涂俊超HJDXZ-8，30.6638149N、93.1194608E、4535米

长圆红景天 *Rhodiola forrestii* (Raymond-Hamet) S. H. Fu

草本；PPBC-杜巍

异齿红景天 *Rhodiola heterodonta* (J. D. Hooker & Thomson) Borissova

草本；青藏队-陶德定10455

四裂红景天 *Rhodiola quadrifida* (Pallas) Schrenk

半灌木；生于麦地卡湿地山坡草地，董洪进、余姣君、杨涵、涂俊超HJDXZ-69，31.1066856N、92.8407590E、4907米；PPBC-杜巍

大炮山景天 *Sedum erici-magnusii* Froderstrom

草本；PPBC-杜巍

高原景天 *Sedum przewalskii* Maximowicz

草本；生于麦地卡湿地山坡草地，董洪进、余姣君、杨涵、涂俊超HJDXZ-93，31.1820671N、93.0135128E、5008米

虎耳草科 Saxifragaceae

东方茶藨子 *Ribes orientale* Desfontaines

灌木；生于阿扎镇崖壁，董洪进、余姣君、杨涵、涂俊超HJDXZ-10，30.6637780N、93.1195009E、4532米；青藏队-陶德定10422

短茎虎耳草 *Saxifraga brevicaulis* Harry Smith

草本；生于阿扎镇县城5千米山顶石砾地，董洪进、王毅、段涵宁、朱永HJDXZ-1460，30.6520062N、93.1514930E、4900米

棒腺虎耳草 *Saxifraga consanguinea* W. W. Smith

草本；生于措拉乡麦地卡湿地山坡草地，董洪进、余姣君、杨涵、涂俊超HJDXZ-91，31.1821111N、93.0135328E、4997米；PPBC-杜巍

川西小黄菊 *Tanacetum tatsienense* (Bureau & Franchet) K. Bremer & Humphries

草本；生于麦地卡湿地山坡草地，董洪进、余姣君、杨涵、涂俊超HJDXZ-37，30.6633863N、93.1196259E、4555米；PPBC-杜巍

白花蒲公英 *Taraxacum albiflos* Kirschner & Štepanek

草本；PPBC-杜巍

大头蒲公英 *Taraxacum calanthodium* Dahlstedt

草本；PPBC-杜巍

龙胆科 Gentianaceae

镰萼喉毛花 *Comastoma falcatum* (Turczaninow ex Karelin & Kirilov) Toyokuni

草本；麦地卡湿地；照片凭证

喉毛花 *Comastoma pulmonarium* (Turczaninow) Toyokuni

草本；生于措拉乡麦地卡湿地错乃村路边草地，董洪进、王毅、段涵宁、朱永HJDXZ-1372，31.0973918N、92.8524877E、4876米

刺芒龙胆 *Gentiana aristata* Maximowicz

草本；PPBC-杜巍

青藏龙胆 *Gentiana futtereri* Diels et Gilg

草本；生于措拉乡推郭布如村路边草地，董洪进、王毅、段涵宁、朱永HJDXZ-1413，31.1226776N、92.9574744E、4859米

蓝白龙胆 *Gentiana leucomelaena* Maximowicz ex Kusnezow

草本；生于麦地卡湿地沼泽草地，董洪进、余姣君、杨涵、涂俊超HJDXZ-52，31.0842540N、92.8603426E、4821米；生于措拉乡推郭布如村路边草地，董洪进、王毅、段涵宁、朱永HJDXZ-1416，31.1141252N、92.9463620E、4849米；PPBC-杜巍

全萼秦艽 *Gentiana lhassica* Burkill

草本；生于麦地卡分叉口路边草地，董洪进、王毅、段涵宁、朱永HJDXZ-1365，30.9502305N、92.6103292E、4698米

类亮叶龙胆 *Gentiana micantiformis* Burkill

草本；青藏队-陶德定10494

云雾龙胆 *Gentiana nubigena* Edgeworth

草本；生于措拉乡推郭布如村路边草地，董洪进、王毅、段涵宁、朱永HJDXZ-1417，31.1108745N、92.9434499E、4856米

麻花艽 *Gentiana straminea* Maximowicz

草本；县城附近草地；照片凭证

湿生扁蕾 *Gentianopsis paludosa* (Munro ex J. D. Hooker) Ma

草本；生于措拉乡麦地卡湿地错乃村路边草地，董洪进、王毅、段涵宁、朱永HJDXZ-1374，31.0807747N、92.8575150E、4876米

椭圆叶花锚 *Halenia elliptica* D. Don

草本；县城附近草地；照片凭证

报春花科 Primulaceae

腺序点地梅 *Androsace adenocephala* Handel-Mazzetti

草本；青藏队-陶德定10421

昌都点地梅 *Androsace bisulca* Bureau & Franchet

垫状草本；生于麦地卡湿地山坡草地，董洪进、余姣君、杨涵、涂俊超HJDXZ-6，30.6425944N、93.2112878E、4468米

鳞叶点地梅 *Androsace squarrosula* Maximowicz

草本；PPBC-杜巍

垫状点地梅 *Androsace tapete* Maximowicz

垫状草本；生于麦地卡湿地山坡草地，董洪进、余姣君、杨涵、涂俊超HJDXZ-105，31.1811646N、93.0124969E、4974米；青藏队-陶德定10402

高原点地梅 *Androsace zambalensis* (Petitmengin) Handel-Mazzetti

草本；生于麦地卡湿地山坡草地，董洪进、余姣君、杨涵、涂俊超HJDXZ-27，30.6634914N、93.1198111E、4550米；PPBC-杜巍；青藏队-陶德定10476

羽叶点地梅 *Pomatosace filicula* Maximowicz

草本；生于麦地卡湿地山坡草地，董洪进、余姣君、杨涵、涂俊超HJDXZ-85，31.1820281N、93.0138615E、5005米；PPBC-杜巍

白心球花报春 *Primula atrodentata* W. W. Smith

草本；青藏队-陶德定10403

黛粉美花报春 *Primula calliantha* subsp. *bryophila* (I. B. Balfour & Farrer) W. W. Smith & Forrest

草本；县城附近草地；照片凭证

白粉圆叶报春 *Primula littledalei* I. B. Balfour & Watt

草本；生于阿扎镇县城5千米山顶石砾地，董洪进、王毅、段涵宁、朱永HJDXZ-1466，30.6523427N、93.1524094E、4889米

大叶报春 *Primula macrophylla* D. Don

草本；生于麦地卡湿地山坡草地，董洪进、余姣君、杨涵、涂俊超HJDXZ-68，31.1067504N、92.8406989E、4906米

钟花报春 *Primula sikkimensis* J. D. Hooker

草本；生于阿扎镇山坡草地，董洪进、余姣君、杨涵、涂俊超HJDXZ-73，30.6426520N、93.2272308E、4471米；生于阿扎镇离县城2千米路边沼泽，董洪进、王毅、段涵宁、朱永HJDXZ-1441，30.6469109N、93.2091503E、4474米

西藏报春 *Primula tibetica* Watt

草本；生于措拉乡麦地卡湿地山坡草地，董洪进、余姣君、杨涵、涂俊超HJDXZ-104，31.1811436N、93.0125068E、4988米

车前科 Plantaginaceae

车前 *Plantago asiatica* Linnaeus

草本；生于阿扎镇山坡草地，董洪进、余姣君、杨涵、涂俊超HJDXZ-113，30.6617150N、93.1525855E、4515米

平车前 *Plantago depressa* Willdenow

草本；县城附近草地；照片凭证

桔梗科 Campanulaceae

钻裂风铃草 *Campanula aristata* Wallich

草本；生于措拉乡麦地卡湿地山坡草地，董洪进、余姣君、杨涵、涂俊超HJDXZ-100，31.1819419N、93.0126164E、5016米；PPBC-杜巍

灰毛蓝钟花 *Cyananthus incanus* J. D. Hooker & Thomson

草本；县城附近草地；照片凭证

紫草科 Boraginaceae

疏花齿缘草 *Eritrichium laxum* I. M. Johnston

草本；生于阿扎镇县城5千米山顶石砾地，董洪进、王毅、段涵宁、朱永HJDXZ-1464，30.6519148N、93.1518185E、4892米

微孔草 *Microula sikkimensis* (C. B. Clarke) Hemsley

草本；生于麦地卡湿地山坡草地，董洪进、余姣君、杨涵、涂俊超HJDXZ-82，31.1821515N、93.0140507E、4995米；生于麦地卡乡错董村山坡草地，董洪进、王毅、段涵宁、朱永HJDXZ-1410，30.9556892N、92.6539993E、4735米；PPBC-杜巍

西藏微孔草 *Microula tibetica* Bentham

草本；生于麦地卡湿地山坡草地，董洪进、余姣君、杨涵、涂俊超HJDXZ-88，31.1819803N、93.0138216E、5016米；PPBC-杜巍

附地菜 *Trigonotis peduncularis* (Triranus) Bentham ex Baker & S. Moore

草本；生于阿扎镇山坡草地，董洪进、余姣君、杨涵、涂俊超HJDXZ-118，30.6618353N、93.1527457E、4508米

茄科 Solanaceae

马尿泡 *Przewalskia tangutica* Maximowicz

草本；生于措拉乡麦地卡湿地错乃村山坡草地，董洪进、王毅、段涵宁、朱永HJDXZ-1388，31.0971611N、92.8513861E、4854米；PPBC-杜巍；青藏队-陶德定10401

玄参科 Scrophulariaceae

短筒兔耳草 *Lagotis brevituba* Maximowicz

草本；青藏队-陶德定10474

全缘兔耳草 *Lagotis integra* W. W. Smith

草本；生于麦地卡湿地路边草地，董洪进、余姣君、杨涵、涂俊超HJDXZ-63，31.1071420N、92.8378341E、4923米；PPBC-杜巍

肉果草 *Lancea tibetica* J. D. Hooker & Thomson

草本；生于阿扎镇草地，董洪进、余姣君、杨涵、涂俊超HJDXZ-1，30.6427083N、93.2111827E、4462米；PPBC-杜巍；青藏队-陶德定10465

藏玄参 *Oreosolen wattii* J. D. Hooker

草本；生于麦地卡湿地山坡草地，董洪进、余姣君、杨涵、涂俊超HJDXZ-60，31.1071719N、92.8377840E、4911米；PPBC-杜巍；青藏队-陶德定10477

美丽马先蒿 *Pedicularis bella* Hooker f.

生于阿扎镇县城5千米山坡草坡，董洪进、王毅、段涵宁、朱永HJDXZ-1456，30.6555577N、93.1526197E、4678米

头花马先蒿 *Pedicularis cephalantha* Franchet ex Maximowicz

草本；PPBC-杜巍

克洛氏马先蒿 *Pedicularis croizatiana* H. L. Li

草本；PPBC-刘翔

甘肃马先蒿 *Pedicularis kansuensis* Maximowicz

草本；生于林堤乡麦地卡湿地山坡草地，董洪进、王毅、段涵宁、朱永HJDXZ-1392，30.9558342N、92.6550528E、4763米；生于措拉乡玛尔布村路边草地，董洪进、王毅、段涵宁、朱永HJDXZ-1412，31.0808019N、92.8570144E、4641米

管状长花马先蒿 *Pedicularis longiflora* var. *tubiformis* (Klotzsch) P. C. Tsoong

草本；PPBC-杜巍

藓状马先蒿 *Pedicularis muscoides* H. L. Li

草本；PPBC-杜巍

欧氏马先蒿 *Pedicularis oederi* Vahl

草本；生于麦地卡湿地山坡草地，董洪进、余姣君、杨涵、涂俊超HJDXZ-25，30.6635154N、93.1198311E、4554米；PPBC-杜巍；青藏队-陶德定10473

南方普氏马先蒿 *Pedicularis przewalskii* subsp. *australis* (H. L. Li) P. C. Tsoong

草本；生于麦地卡湿地沼泽草地，董洪进、余姣君、杨涵、涂俊超HJDXZ-50，31.0842080N、92.8603386E、4824米；PPBC-杜巍

拟鼻花马先蒿 *Pedicularis rhinanthoides* Schrenk

草本；生于措拉乡勒根村路边草地，董洪进、王毅、段涵宁、朱永HJDXZ-1423，31.1676849N、93.0215122E、4855米

罗氏马先蒿 *Pedicularis roylei* Maximowicz

草本；生于麦地卡湿地崖壁，董洪进、余姣君、杨涵、涂俊超HJDXZ-21，30.6634875N、93.1198911E、4542米；生于麦地卡湿地山坡草地，董洪进、余姣君、杨涵、涂俊超HJDXZ-75，31.0927385N、92.9387322E、4847米；PPBC-杜巍

毛盔马先蒿 *Pedicularis trichoglossa* J. D. Hooker

草本；生于阿扎镇县城5千米山坡草坡，董洪进、王毅、段涵宁、朱永HJDXZ-1455，30.6570614N、93.1499154E、4606米

长果婆婆纳 *Veronica ciliata* Fischer

草本；生于麦地卡湿地山坡草地，董洪进、余姣君、杨涵、涂俊超HJDXZ-45，30.6637294N、93.1199211E、4529m；生于林堤乡麦地卡湿地山坡草地，董洪进、王毅、段涵宁、朱永HJDXZ-1393，30.9540233N、92.6517156E、4763米；PPBC-杜巍

紫葳科 Bignoniaceae

密生波罗花 *Incarvillea compacta* Maximowicz

草本；PPBC-杜巍；青藏队-陶德定10480

藏波罗花 *Incarvillea younghusbandii* Sprague

草本；生于麦地卡湿地崖壁，董洪进、余姣君、杨涵、涂俊超HJDXZ-16，30.6634922N、93.1195959E、4507米；青藏队-陶德定10499

唇形科 Lamiaceae

白苞筋骨草 *Ajuga lupulina* Maximowicz

草本；生于林堤乡麦地卡湿地山坡草地，董洪进、王毅、段涵宁、朱永HJDXZ-1391，30.9558342N、92.6550528E、4763米

白花枝子花 *Dracocephalum heterophyllum* Bentham

草本；生于麦地卡湿地山坡草地，董洪进、余姣君、杨涵、涂俊超HJDXZ-44，30.6638004N、93.1199411E、4537米；PPBC-杜巍

甘青青兰 *Dracocephalum tanguticum* Maximowicz

草本；生于阿扎镇离县城2千米路边石砾，董洪进、王毅、段涵宁、朱永HJDXZ-1439，30.6464261N、93.2099662E、4469米

毛穗香薷 *Elsholtzia eriostachya* (Bentham) Bentham

草本；麦地卡湿地；照片凭证

绵参 *Eriophyton wallichii* Bentham

草本；PPBC-刘翔

独一味 *Lamiophlomis rotata* (Bentham ex J. D. Hooker) Kudo

草本；生于麦地卡湿地崖壁，董洪进、余姣君、杨涵、涂俊超HJDXZ-22，30.6634875N、93.1199111E、4542米；PPBC-杜巍；青藏队-陶德定10491

扭连钱 *Marmoritis complanatum* (Dunn) A. L. Budantzev

草本；PPBC-杜巍

黏毛鼠尾草 *Salvia roborowskii* Franchet

草本；生于阿扎镇离县城2千米路边石砾，董洪进、王毅、段涵宁、朱永HJDXZ-1440，30.6464261N、93.2099662E、4469米

水麦冬科 Juncaginaceae

海韭菜 *Triglochin maritima* Linnaeus

沼生草本；青藏队-陶德定10432

眼子菜科 Potamogetonaceae

篦齿眼子菜 *Stuckenia pectinata* (Linnaeus) Borner

水生植物；麦地卡湿地，照片凭证；青藏队-陶德定10497

百合科 Liliaceae

镰叶韭 *Allium carolinianum* Redoute

草本；生于措拉乡推郭布如村路边草地，董洪进、王毅、段涵宁、朱永HJDXZ-1418，31.1402432N、92.9770188E、4870米

天蓝韭 *Allium cyaneum* Regel

草本；生于林堤乡麦地卡湿地山坡石砾，董洪进、王毅、段涵宁、朱永HJDXZ-1403，30.9565340N、92.6549890E、4787米

太白韭 *Allium prattii* C. H. Wright ex Hemsley

草本；生于阿扎镇崖壁，董洪进、余姣君、杨涵、涂俊超HJDXZ-13，30.6635333N、93.1197310E、4532米；生于林堤乡隆巴村山坡草地，董洪进、王毅、段涵宁、朱永HJDXZ-1433，31.0183308N、92.6273374E、4939米；PPBC-杜巍

野黄韭 *Allium rude* J. M. Xu

草本；生于措拉乡麦地卡湿地错乃村路边草地，董洪进、王毅、段涵宁、朱永HJDXZ-1373，31.0807747N、92.8575150E、4876米；PPBC-杜巍

川贝母 *Fritillaria cirrhosa* D. Don

草本；青藏队-陶德定10436

梭砂贝母 *Fritillaria delavayi* Franchet

草本；PPBC-杜巍

独花黄精 *Polygonatum hookeri* Baker
草本；青藏队-陶德定10427
轮叶黄精 *Polygonatum verticillatum* (Linnaeus) Allioni
草本；青藏队-陶德定10429

鸢尾科 Iridaceae

锐果鸢尾 *Iris goniocarpa* Baker
草本；青藏队-陶德定10464
蓝花卷鞘鸢尾 *Iris potaninii* var. *ionantha* Y. T. Zhao
草本；生于麦地卡湿地山坡草地，董洪进、余姣君、杨涵、涂俊超HJDXZ-71，31.1065937N、92.8408291E、4912米；青藏队-陶德定10475

灯心草科 Juncaceae

栗花灯心草 *Juncus castaneus* Smith
草本；PPBC-杜巍
锡金灯心草 *Juncus sikkimensis* J. D. Hooker
草本；生于麦地卡湿地山坡草地，董洪进、余姣君、杨涵、涂俊超HJDXZ-36，30.6634143N、93.1197110E、4552米；生于措拉乡推郭布如村路边草地，董洪进、王毅、段涵宁、朱永HJDXZ-1420，31.1141252N、92.9463620E、4866米
展苞灯心草 *Juncus thomsonii* Buchenau
草本；PPBC-杜巍

莎草科 Cyperaceae

扁穗草 *Blysmus compressus* (Linnaeus) Panzer ex Link
草本；青藏队-陶德定10425
华扁穗草 *Blysmus sinocompressus* Tang & F. T. Wang
草本；生于麦地卡湿地山坡草地，董洪进、余姣君、杨涵、涂俊超HJDXZ-28，30.6635134N、93.1198111E、4550米；青藏队-陶德定10467
干生薹草 *Carex aridula* V. I. Kreczetowicz
草本；PPBC-杜巍
黑褐穗薹草 *Carex atrofusca* Schkuhr subsp. *minor* (Boott) T. Koyama
草本；生于林堤乡隆巴村山坡草地，董洪进、王毅、段涵宁、朱永HJDXZ-1434，31.0183308N、92.6273374E、4939米；青藏队-陶德定10405
青藏薹草 *Carex moorcroftii* Falconer ex Boott
草本；生于麦地卡湿地山坡草地，董洪进、余姣君、杨涵、涂俊超HJDXZ-31，30.6634983N、93.1197560E、4547米；生于措拉乡麦地卡湿地山坡草地，董洪进、余姣君、杨涵、涂俊超HJDXZ-94，31.1822145N、93.0133734E、5120米
小薹草 *Carex parva* Nees
草本；PPBC-杜巍
具槽秆荸荠 *Eleocharis valleculosa* Ohwi
草本；麦地卡湿地；照片凭证

藏北嵩草 *Kobresia littledalei* C. B. Clarke

草本；生于麦地卡湿地山坡草地，董洪进、余姣君、杨涵、涂俊超HJDXZ-30，30.6635284N、93.1197860E、4541米；PPBC-杜巍；青藏队-陶德定10492

大花嵩草 *Kobresia macrantha* Boeckeler

草本；青藏队-陶德定10485

高山嵩草 *Kobresia pygmaea* (C. B. Clarke) C. B. Clarke

草本；青藏队-陶德定10496

喜马拉雅嵩草 *Kobresia royleana* (Nees) Boeckeler

草本；PPBC-杜巍；青藏队-陶德定10414

赤箭嵩草 *Kobresia schoenoides* (C. A. Meyer) Steudel

草本；青藏队-陶德定10418

四川嵩草 *Kobresia setschwanensis* Handel-Mazzetti

草本；青藏队-陶德定10418

矮针蔺 *Trichophorum pumilum* (Vahl) Schinz & Thellung

草本；青藏队-陶德定10489

禾本科 Poaceae

川西剪股颖 *Agrostis hugoniana* var. *aristata* Keng ex Y. C. Yang

草本；生于麦地卡分叉口路边草地，董洪进、王毅、段涵宁、朱永HJDXZ-1364，30.9502305N、92.6103292E、4698米

华雀麦 *Bromus sinensis* Keng ex P. C. Keng

草本；生于阿扎镇离县城2千米路边沼泽，董洪进、王毅、段涵宁、朱永HJDXZ-1442，30.6440997N、93.2144260E、4474米

沿沟草 *Catabrosa aquatica* (Linnaeus) P. Beauvois

沼生草本；麦地卡湿地；照片凭证

微药野青茅 *Deyeuxia nivicola* J. D. Hooker

草本；生于林堤乡隆巴村山坡草地，董洪进、王毅、段涵宁、朱永HJDXZ-1426，31.0023425N、92.6386077E、4753米

低株披碱草 *Elymus jacquemontii* (J. D. Hooker) Tzvelev

草本；生于措拉乡麦地卡湿地山坡草地，董洪进、余姣君、杨涵、涂俊超HJDXZ-97，31.1820934N、93.0130696E、5028米

垂穗披碱草 *Elymus nutans* Grisebach

草本；PPBC-杜巍

波伐早熟禾 *Poa albertii* subsp. *poophagorum* (Bor) Olonova & G. Zhu

草本；生于措拉乡 麦地卡湿地山坡草地，董洪进、余姣君、杨涵、涂俊超HJDXZ-92，31.1820660N、93.0135527E、5008米

早熟禾 *Poa annua* Linnaeus

草本；安雨 A-Yu-059

胎生鳞茎早熟禾 *Poa bulbosa* subsp. *vivipara* (Koeler) Arcangeli

草本；生于阿扎镇县城5千米山顶石砾地，董洪进、王毅、段涵宁、朱永HJDXZ-1463，30.6521013N、93.1515681E、4907米

中亚早熟禾 *Poa litwinowiana* Ovczinnikov

草本；生于林堤乡隆巴村山坡草地，董洪进、王毅、段涵宁、朱永HJDXZ-1432，31.0023425N、92.6386077E、4952米

多鞘早熟禾 *Poa polycolea* Stapf

草本；青藏队-陶德定10457

太白细柄茅 *Ptilagrostis concinna* (J. D. Hooker) Roshevitz

草本；生于措拉乡推郭布如村路边草地，董洪进、王毅、段涵宁、朱永HJDXZ-1421，31.1403949N、92.9774472E、4853米

双叉细柄茅 *Ptilagrostis dichotoma* Keng ex Tzvelev

草本；生于林堤乡隆巴村山坡草地，董洪进、王毅、段涵宁、朱永HJDXZ-1431，31.0181759N、92.6273335E、4952米

丝颖针茅 *Stipa capillacea* Keng

草本；生于阿扎镇离县城2千米路边草坡，董洪进、王毅、段涵宁、朱永HJDXZ-1443，30.6472194N、93.2089350E、4496米

大花穗三毛 *Trisetum spicatum* subsp. *alaskanum* (Nash) Hulten

草本；生于林堤乡隆巴村山坡草地，董洪进、王毅、段涵宁、朱永HJDXZ-1430，31.0023425N、92.6386077E、4920米